从零开始学梭编蕾丝
TATTING LACE 101

玩转饰边和花片101

Edging & Motif
ideas

日本宝库社 编著　蒋幼幼 译

河南科学技术出版社
·郑州·

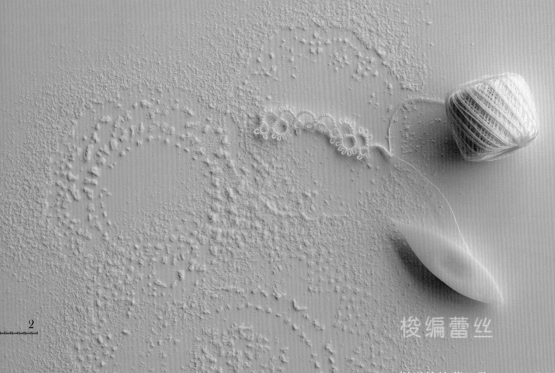

梭编蕾丝

据说梭编蕾丝是18～19世纪作为时尚流行于欧洲贵妇人中的一种优雅的手工艺。这种蕾丝编织是将线缠在一个船形小梭子上，用所缠的线连续编结制作各种花样。基础技法就是用梭子在1条芯线上编结，重复相同的操作。编结熟练后，可以试着加入"耳"，并通过"环"和"桥"等的不同组合演绎出各种各样的形状。此外，即使是相同的编结方法，如果改变耳的大小、连接位置、线的粗细或颜色……将带来无限的乐趣。只要有梭子和线这两种工具和材料就可以开始编织了，非常方便，这也是梭编蕾丝的一大魅力。来吧,朋友! 从今天开始一起学习梭编蕾丝吧!

目录

（关于作品编号后面的标记◆）

作品编号 ┌ 标记

000 ◆

◆ 新手也能完成

◆◆ 编织过若干作品后可以选择

◆◆◆ 拥有一定自信者可以尝试

◆◆◆◆ 掌握了扎实的基础后可以挑战

请参考以上难易程度选择作品编织吧！

Chapter

I

饰边

用1根线一点一点地编结，就会形成纤细的花样，这就是梭编蕾丝的乐趣所在。只要学会由下针和上针组成的"结"，就能编织大部分作品。将饰边（Edging）缝在手帕、包包或者衣服的边缘作装饰，会显得更加雅致、精美。此外，直接将编好的作品连接成环形，再安装上金属配件，还可以制作成耳环、手链、项链等饰品。使用不同的线材，改变一下线的颜色，或者穿入串珠……按自己的喜好进行再创作也是非常有趣的。从1个结到1个花样，从1个花样到2个花样……越编越开心，或许不知不觉间就编得很长了。看看喜欢哪一条饰边，首先从1个结开始动手尝试吧！

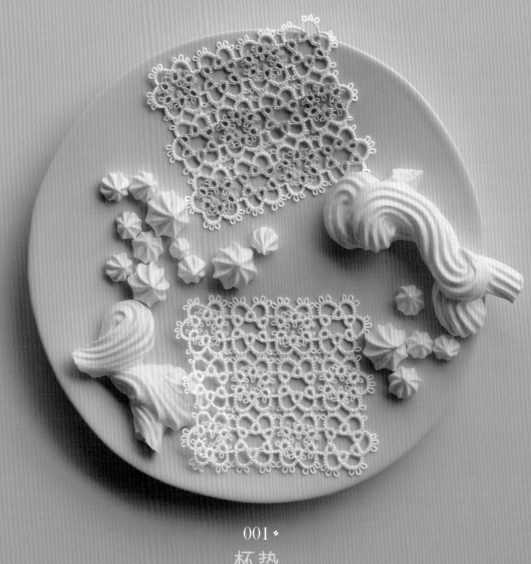

001·
杯垫

将3条4个花片的饰边连接在一起,
制作成华丽的方形杯垫,仿佛一片小花圃。
只需改变内侧的颜色,就会呈现各种不同的效果,非常有趣。

|设计|盛本知子　|制作方法|p.56

002❖

003❖

004❖

005❖

006❖

007❖

008❖

在白色和原白色的纤细花片中穿入珍珠或者金色的串珠等也非常漂亮。
选择一款自己喜欢的花样开始挑战吧！

|设计│盛本知子 │制作方法│ 002、003 → p.56 / 004 ~008 → p.57

009
戒指

穿入珍珠的戒指散发着宝石般的光芒。
首先，从小件作品学习掌握如何用2个
梭子编织裂环吧！

|设计|Naomi Kanno |制作方法| p.58

010
项链

将链子部分的花样编得长长的，制作成项链。
再在顶部加上一个象征幸福的四叶草花片，
简约中透着雅致。

|设计|Naomi Kanno |制作方法| p.58

011 ❖ 012 ❖
烛台的饰边 / 装饰球的饰边

缠上一圈饰边，日常的物品也变得华丽起来，
真是不可思议。
蜡烛的火苗，以及反射在装饰球上闪烁的光芒，
无不凸显出蕾丝花样的精美。

|设计| Naomi Kanno |制作方法| 011 → p.58 / 012 → p.59

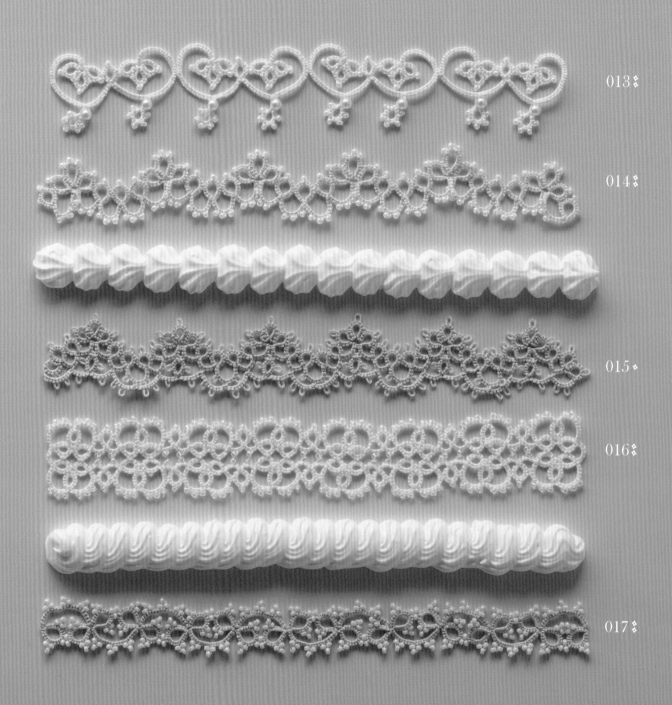

013 ✿

014 ✿

015 ✿

016 ✿

017 ✿

无论是单个花样，还是编成长长的饰边，都是那么赏心悦目。
一边思忖着要编成什么样的作品，一边选择合适的花样，也让人感觉心情愉悦。

| 设计 | Naomi Kanno | 制作方法 | 013～015 → p.59 / 016、017 → p.60

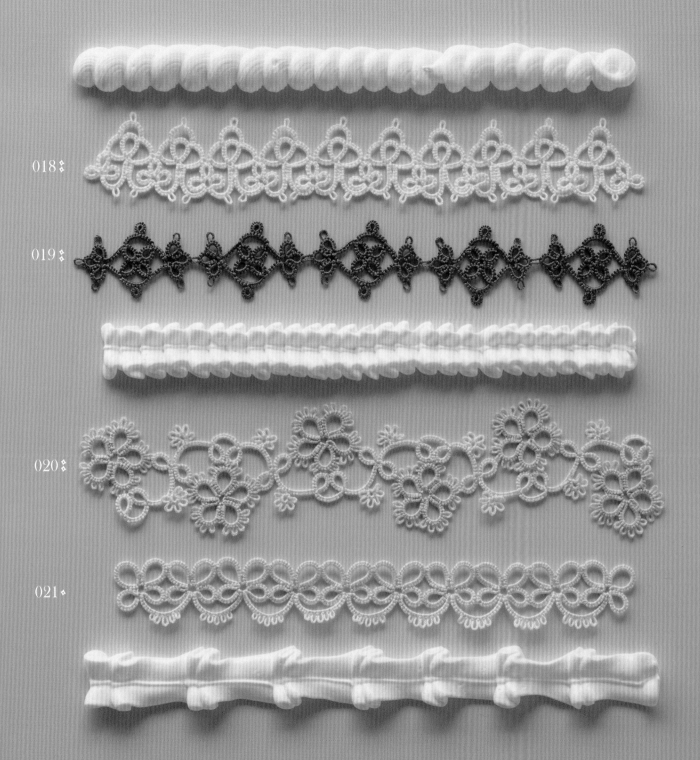

018

019

020

021

即使是复杂的花样，基本上也是小花样的重复。
长度可以自由决定。也可以换成不同的颜色，不妨挑战一下吧！

│设计│Naomi Kanno │制作方法│018、019、021 → p.60／020 → p.61

不同的配色可以使梭编蕾丝显得新颖、别致。
用黄色和橄榄绿色的线可以编织出小花。
制作成项链或者手链，又是另一番趣味。

| 设计 | 松本薰
| 制作方法 | p.61

花朵花片
022

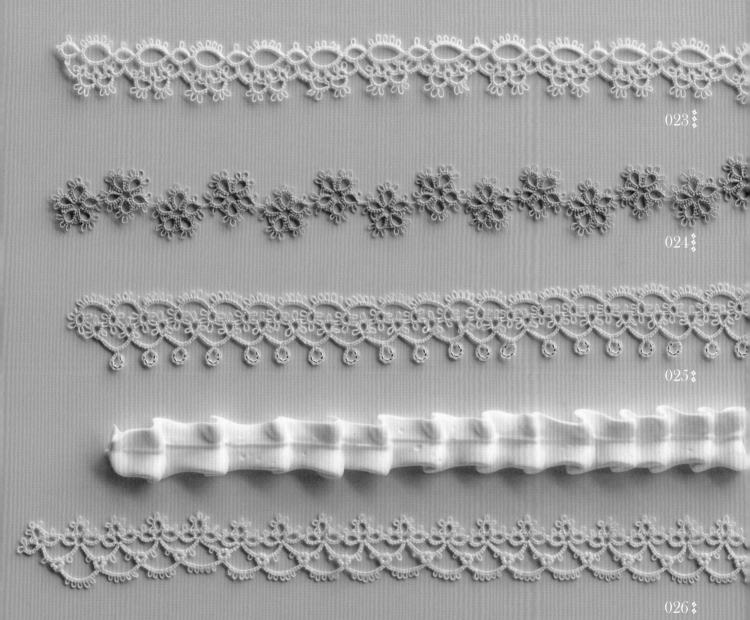

023 ⚏

024 ⚏

025 ⚏

026 ⚏

梭编蕾丝另一个可爱的特点就是"耳"。迷人的饰边，仅仅是看着就让人为之陶醉。

| 设计 | 松本薫 | 制作方法 | 023、024 → p.61 / 025、026 → p.62

027 ❖
手链

加入白色串珠的饰边，制作成手链戴在手腕上
再合适不过了。
用纯白色线编织，素雅中透着华丽气息。

│设计│filigne/伊礼千晶 │制作方法│p.62

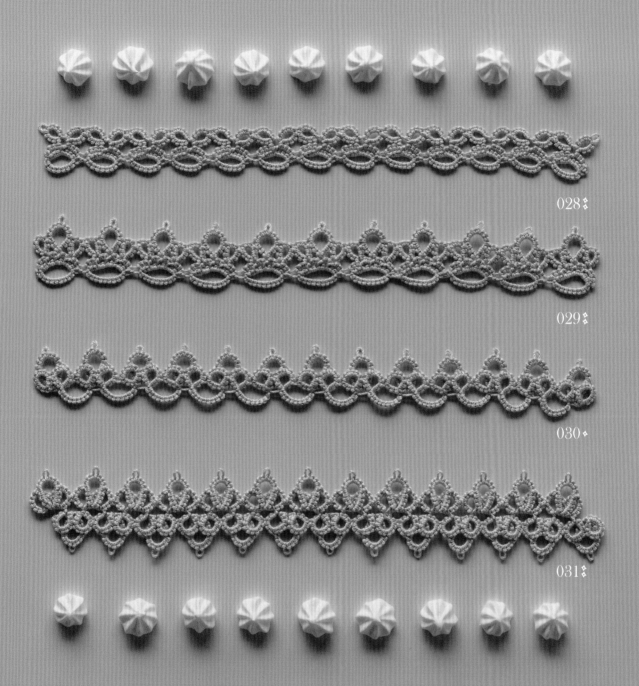

028

029

030

031

花样紧密、略显立体感的设计。
结合要装饰的不同物品，试一试哪种颜色会让蕾丝显得更精美。

| 设计 | filigne/伊礼千晶 | 制作方法 | p.63

032❖
衣物的饰边

只需缝在简单的衬衫袖口和领子上，就会给人一种焕然一新的感觉。不妨偶尔给衣服加一点知性又不失甜美的修饰，既漂亮又充满乐趣。

│设计│小岛优子　│制作方法│p.63

033 ❖❖

034 ❖

035 ❖❖

036 ❖❖

037 ❖❖

038 ❖❖

自然色调的饰边真是非常百搭。
看着一个个花样完成后自然心生喜悦，不由得越编越多。

| 设计 | 小岛优子 | 制作方法 | 033～037 → p.64 / 038 → p.65

039

茶壶保温套的饰边

与布料同色系的饰边穿入了珍珠，
显得很是典雅、精致。
有了如此可爱的茶壶保温套，都会迫不及待想喝茶吧。

| 设计 | sumie | 制作方法 | p.65

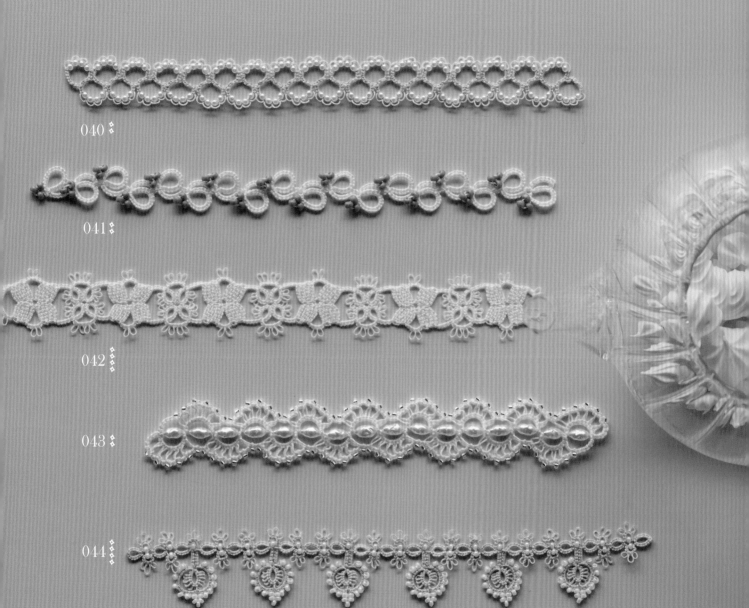

040

041

042

043

044

除了小粒的串珠，使用颗粒较大或彩色的串珠也是不错的创意。完成后的饰边非常别致。

│设计│sumie │制作方法│040、041、042→p.65／043、044→p.66

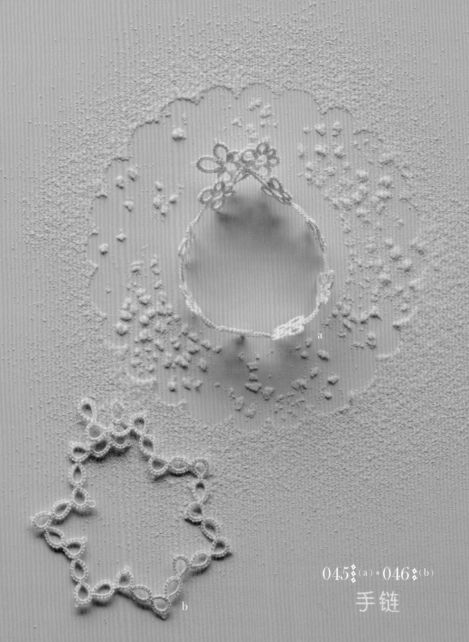

a

b

045 (a) * 046 (b)
手链

用喜欢的颜色编织饰边，然后连成环形
制作成手链，轻柔、亮丽。
或是之字形的水滴花样，或是连续的蝴蝶花样，
想必会成为大家的视线焦点吧。

| 设计 | filigne/伊礼千晶 | 制作方法 | p.66

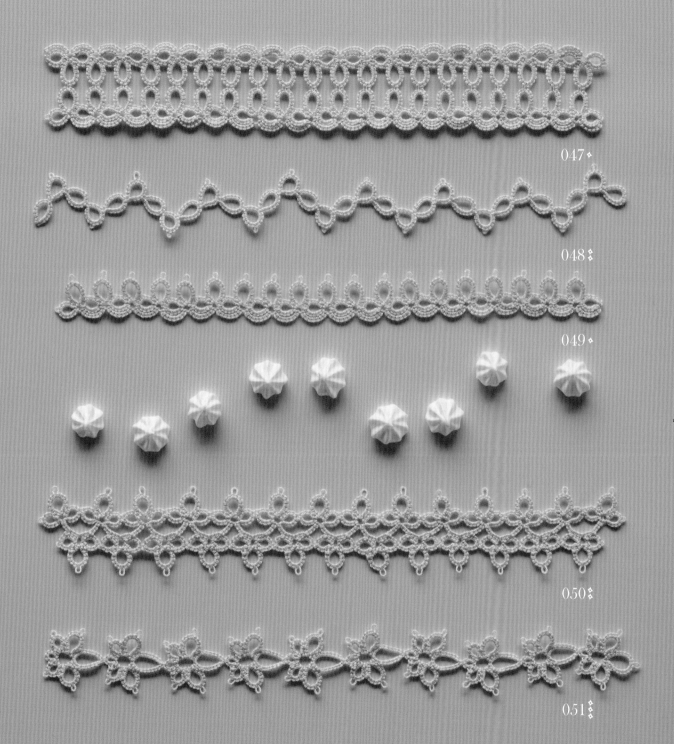

047❖

048❖

049❖

050❖

051❖

这些设计没有上下之分，所以可以演绎出各种使用方法。
将其中几种进行组合使用，也非常有意思。

| 设计 | filigne/伊礼千晶 | 制作方法 | 048、051 → p.66 / 047、049、050 → p.67

Chapter

花片

呈放射线状的圆形和方形花片的编织方法与饰边相同，只是连接位置不一样。学会了基础结的编法后，就能编织大部分花片。从小花片到大花片，使用方法多种多样，这一点也非常吸引人。或者用小花片制作成饰品，或者用大花片制作成垫子，又或者将几种花片连接成带状用于装饰也是一个好主意。此外，将小花片改用粗线编织，尺寸会变大，给人强有力的感觉；相反，将大花片改用细线编织，尺寸会变小，给人纤细、精致的印象。通过改变线的颜色，可以享受同一种作品带来的不同视觉效果。不仅如此，每隔1行、2行或者3行更换颜色编织也非常有趣。所以，让我们用各种不同的线材和颜色大胆尝试吧！

0.52 ❖ (a) * 0.53 ❖ (b)
耳环

穿孔式耳环或夹式耳环只要编织一个花片再装上配件，
很快就能完成，所以做起来非常得心应手。
如果在花片中穿入串珠，一步一摇曳，更是熠熠生辉。

| 设计 | filigne／伊礼千晶 | 制作方法 | 0.52 → p.67 / 0.53 → p.68

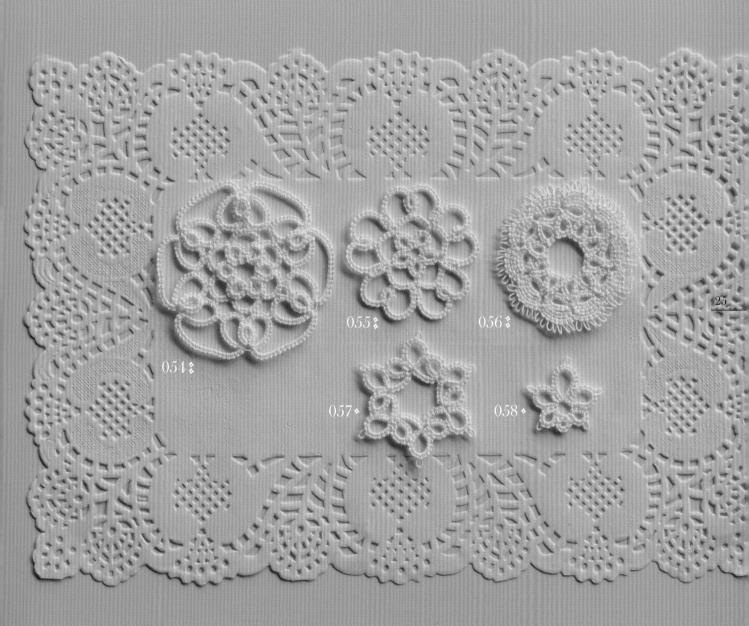

054

055

056

057

058

环与环相互重叠的立体花片最适合用来制作饰品了。
将花片放入相框，直接用于装饰也非常可爱。

| 设计 | filigne/伊礼千晶 　| 制作方法 | 054～057 → p.68 / 058 → p.69

059❖

蜡烛的装饰花片

让人联想起星星的花片用于室内装饰，
一定很别致。就像这样缠在蜡烛上，
也可以作为一份精致的小礼物。

|设计|filigne/伊礼千晶 |制作方法|p.69

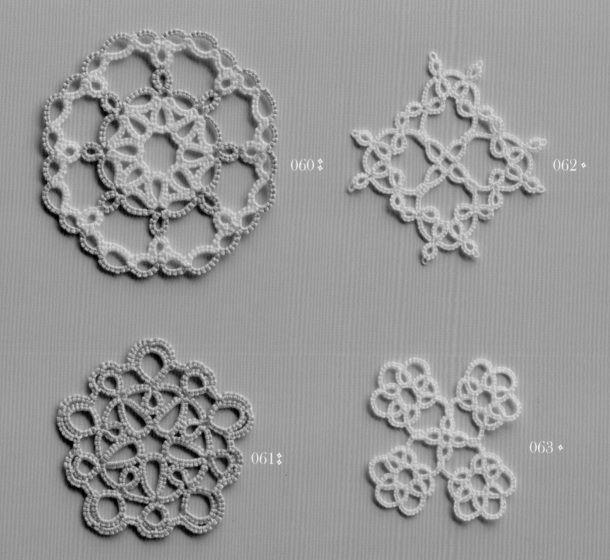

060 ❖

062 ❖

061 ❖

063 ❖

用喜欢的颜色每隔一行换色编织的花片也非常精美。
试试看，你会找到自己最满意的配色方案。

│设计│filigne/伊礼千晶　│制作方法│060、063 → p.70 / 061、062 → p.69

a

b

064❖(a)＊065❖(b)
流苏挂饰

穿入珍珠编织花片，再用同款线制作流苏，
两者的结合使作品显得非常华丽。
也可以作为挂饰系在手提包或者化妆包上，
一定很漂亮、别致。

│设计│Naomi Kanno　│制作方法│p.71

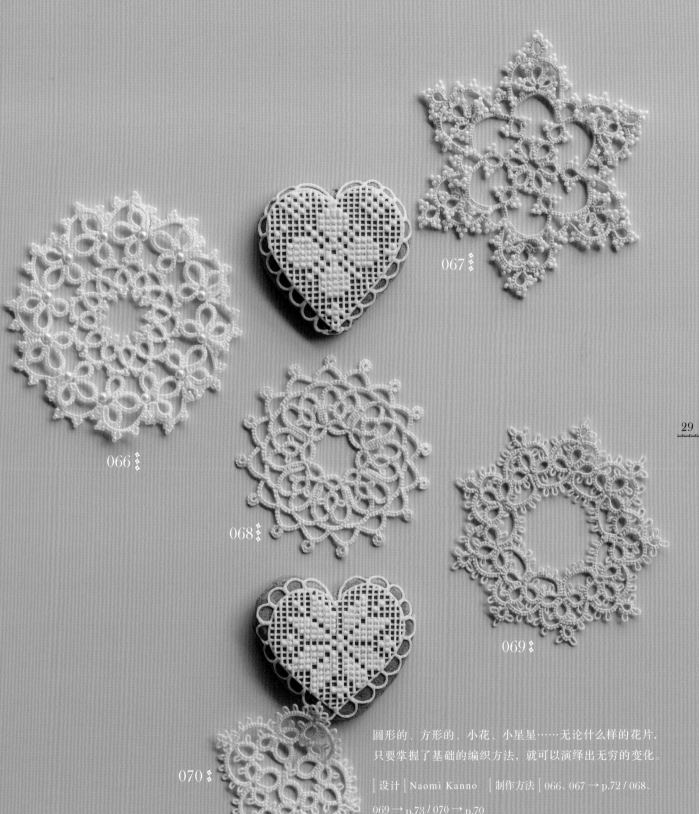

066 ✧

067 ✧

068 ✧

069 ✧

070 ✧

圆形的、方形的、小花、小星星……无论什么样的花片，
只要掌握了基础的编织方法，就可以演绎出无穷的变化。

│设计│Naomi Kanno　│制作方法│066、067 → p.72 / 068、
069 → p.73 / 070 → p.70

a

b

071 ❖ (a) * 072 ❖ (b)
糖罐的装饰花片

按照花片的大小制作套在糖罐外面的布条，
将花片缝在布上。再在两端缝上丝带，
在后侧打结，简单的透明
糖罐也瞬间华丽变身。

|设计 | sumie | 制作方法 | p.74

074

073

075

076

077

蕾丝的优雅和精美令人着迷，每一款的设计都疏密有致，让人不禁想要编织各种各样的花片。

|设计 | sumie | 制作方法 | 073 → p.73 / 074、076 → p.75 / 075、077 → p.74

078

连衣裙的装饰花片

将形状不同、大小不一的花片像纽扣一样并排缝好，
平淡无奇的连衣裙仿佛有了全新的生命。
使用与衣服同色系的线编织，显得成熟、典雅。

│设计│小岛优子 │制作方法│p.75

079 ❖

080 ❖

081 ❖

082 ❖

083 ❖

084 ❖

随意放置的花片宛如冬日的雪花。
系上细绳，也可以直接作为圣诞小装饰。

|设计 | 小岛优子 |制作方法 | p.76

085 ✦(a)＊086✦(b)＊087✧(c)
耳环、手链和项链

用链子将大小不一的花片连接成耳环、手链和项链，
非常适合平常出门时佩戴。
只戴一件，或者3件一起佩戴，都非常俏丽、可爱。

|设计|盛本知子 |制作方法|p.77

a

b

c

088❖

089❖

090❖

091❖

092❖

093❖

094❖

095❖

小花片、大花片……编织很多的花片，
然后想想如何进行组合连接，这样的时光也是无比快乐。

│设 计│盛本知子　│制作方法│088、089 → p.77 / 090 → p.76 / 091~095 → p.78

096❖
戒枕

纯白的蕾丝花片同样适合装饰婚礼用的小物。
由一个个"结"组成的梭编蕾丝不仅精巧，
还赋予了戒枕对新人"喜结良缘"的美好祝福。

| 设计 | 松本薫 | 制作方法 | p.79

097 ✤

098 ✤

099 ✤

100 ✤

101 ✤

1个结、2个结……1个花片接着又1个花片，
慢慢地会想要编织更多花片。
让一朵朵小花尽情绽放吧！

| 设计 | 松本薫　| 制作方法 | 097 → p.77 / 098、100、101 → p.79 / 099 → p.71

梭编蕾丝的基础知识

材料和工具

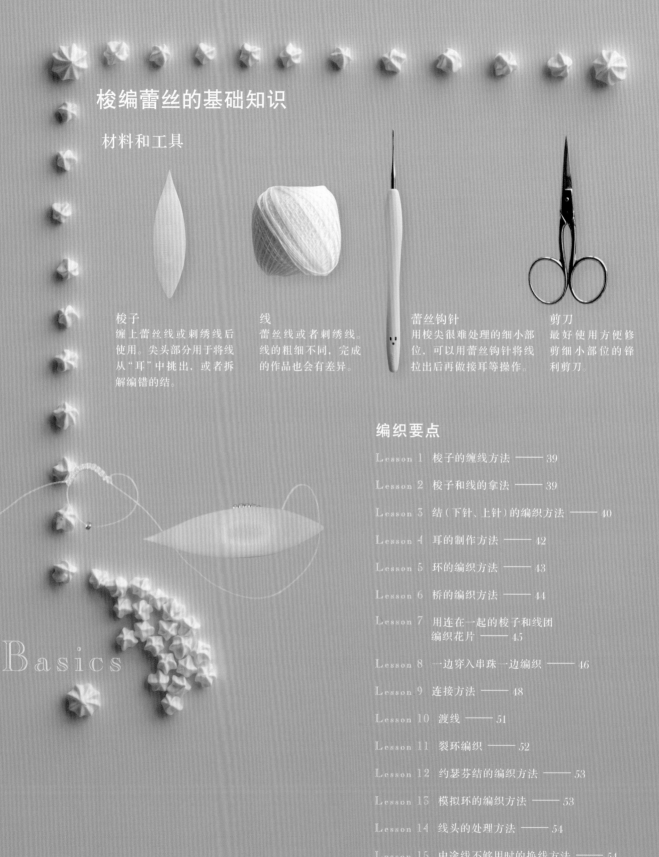

梭子
缠上蕾丝线或刺绣线后使用。尖头部分用于将线从"耳"中挑出，或者拆解编错的结。

线
蕾丝线或者刺绣线。线的粗细不同，完成的作品也会有差异。

蕾丝钩针
用梭尖很难处理的细小部位，可以用蕾丝钩针将线拉出后再做接耳等操作。

剪刀
最好使用方便修剪细小部位的锋利剪刀。

编织要点

Basics

Lesson|1　梭子的缠线方法

1

将线穿入梭子的小孔中。

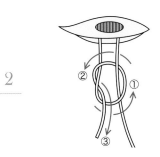

2

用线头制作一个环，按①②③的顺序打结。

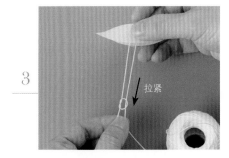

3

拉线，收紧线环。

4

拉线团一端的线，将线结拉至梭子内侧。

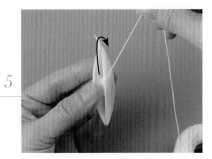

5

将梭尖朝向左上方拿好，从前往后缠线。

Lesson|2　梭子和线的拿法

| 编织下针时 |

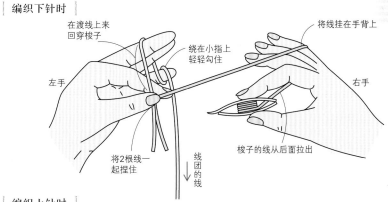

在渡线上来回穿梭子
绕在小指上轻轻勾住
将线挂在手背上
左手
右手
将2根线一起捏住
线团的线
梭子的线从后面拉出

| 编织上针时 |

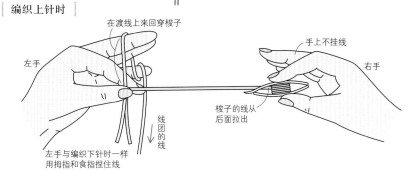

在渡线上来回穿梭子
手上不挂线
左手
右手
线团的线
梭子的线从后面拉出
左手与编织下针时一样用拇指和食指捏住线

Lesson 3   结（下针、上针）的编织方法

| 下针 |

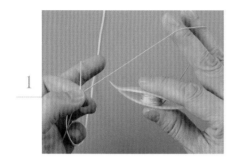

1

参照p.39拿好线。

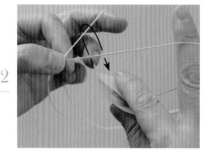

2

如箭头所示穿梭子。

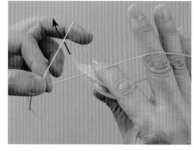

3

穿入梭子，使其从左手渡线的下方滑过。

4

梭子穿至对面后再如箭头所示穿回来。

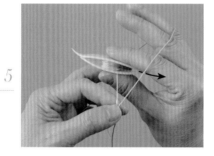

5

将梭子从渡线的上方滑过，穿回。

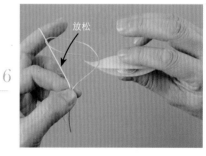

6

将左手的线放松。

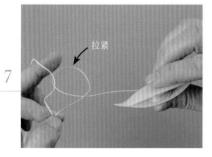

7

拉紧梭子的线。

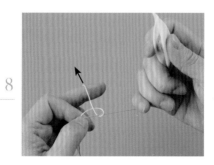

8

用左手的中指拉直渡线，收紧针目。

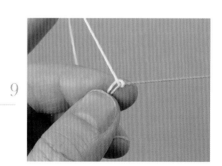

9

将针目拉至指尖。下针完成。

40

上针

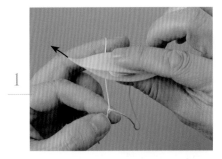

1. 右手不挂线。将梭子从渡线的上方滑过。

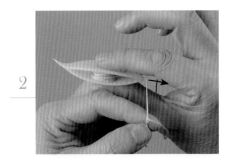

2. 滑至左手渡线的后面。

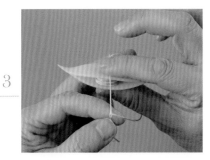

3. 接着将梭子从渡线的下方滑过，穿回。

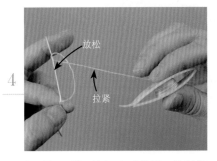

4. 与下针一样，放松左手的线，拉紧梭子的线。

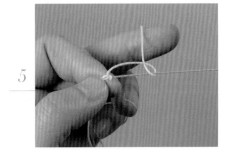

5. 用左手的中指拉直渡线，收紧针目。

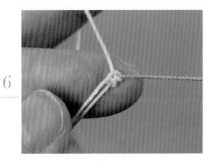

6. 将针目拉至下针的边上。上针完成。这就是1个结。

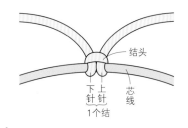

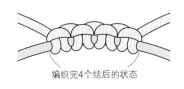

编织时线的走势

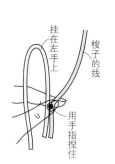

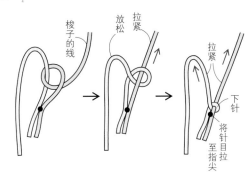

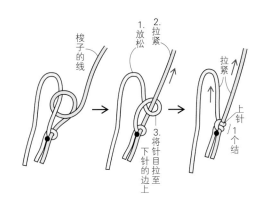

41

Lesson|4　耳的制作方法

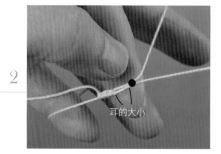

1　编织至耳的符号前一针。

2　确定耳的大小，用拇指按住●处编结。

耳的大小

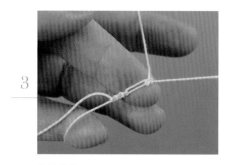

3　将结拉紧。

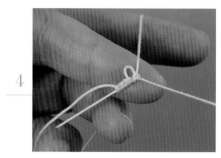

4　耳和后面的1针就完成了。

42

point

使用耳尺时

为了统一耳的大小，将耳尺夹
在中间进行编织。
连续编织相同大小的耳时非常方便。

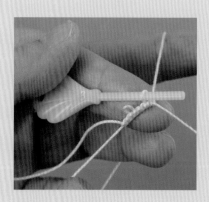

环的编织方法

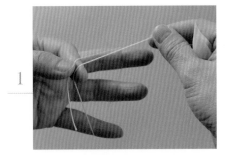

1 用左手的拇指和食指捏住线头，将线从前往后绕成环形后开始编结。

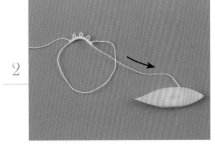

2 按图解编织，然后拉动梭子上的线，收紧线环。

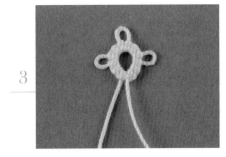

3 1个环编织完成。

43

point

编织过程中，
左手的线环变小时

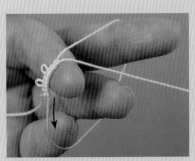

1 轻轻地按住编好的针目，朝箭头方向拉线。

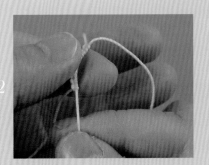

2 可以扩大挂在左手上的线环。

Lesson 6   桥的编织方法（使用1个梭子）

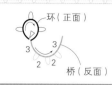
环（正面）
3   3
2   2
桥（反面）

| 环后接着编织桥 |

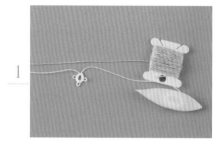

1

将环翻至反面，用缠线板的线（或者线团）和梭子编织桥。

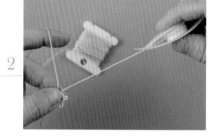

2

将缠线板的线挂在左手上，与翻至反面的环一起用拇指和食指捏住。

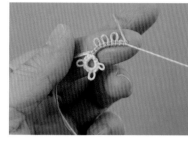

3

按图解编织结和耳。环与桥的正反面相反（可以将任何一面作为正面）。

桥的编织方法（使用2个梭子）

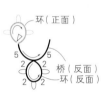
环（正面）
5   5
2   2   桥（反面）
环（反面）

44

环后接着编织桥，

再在桥上编织环，此时需要2个梭子

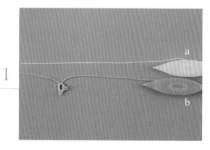

1

将环翻至反面，用梭子a和梭子b编织桥。

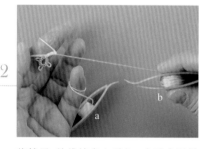

2

将梭子a的线挂在左手上，右手拿好梭子b进行编织。

3

在编织桥的中途，用梭子a的线编织环。在左手上绕成线环编结。

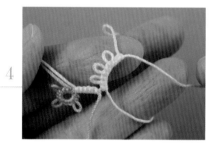

4

按图解编织结和耳。

5

拉动梭子a的线，收紧环。

6

将梭子a的线挂在左手上，继续编织桥。

7

用2个梭子编织的桥上环完成。

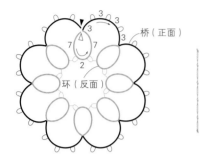

桥（正面）

环（反面）

用同色线编织花片的环和桥时，可以用连在一起的梭子和线团进行编织。这样，可以减少处理线头的麻烦。

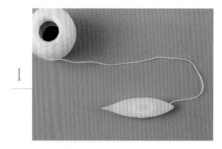

1

在梭子上缠线，与线团连在一起的状态下开始编织。

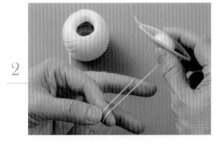

2

将线绕在左手上，编织环。

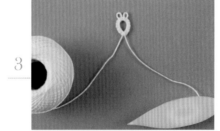

3

1个环编织完成。

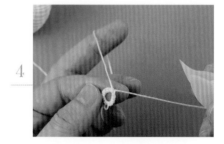

4

将环翻至反面，将线团的线挂在左手上，编织桥。

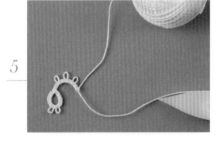

5

这样，就可以在编织起点位置不留线头继续编织。

6

剪断

花片编织完成。留5～6cm的线头剪断。将编织终点的线头固定在编织起点位置。

7

将蕾丝钩针从反面插入编织起点位置。

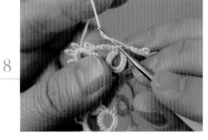

8

挂线，拉出1根线头。

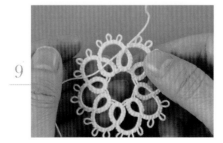

9

将2根线头打结。

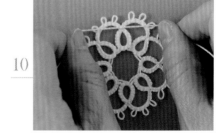

10

参照p.54处理好线头。

Lesson 8　一边穿入串珠一边编织

串珠的穿法

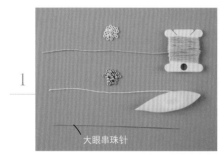

按图解中的指示事先将串珠穿好。

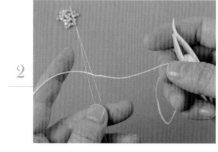

将要穿入串珠的线穿入大眼串珠针。

将所需颗数的串珠逐一从针头穿入，穿至线上。

在环的耳中穿入串珠

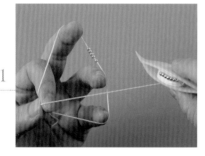

将所需颗数的串珠移至左手的线环中。其余串珠缠在梭子上备用。

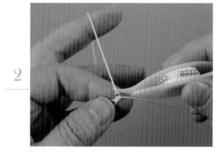

在耳的位置穿入串珠。

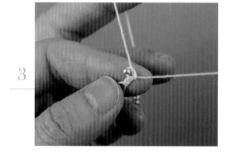

编织后面的下针。

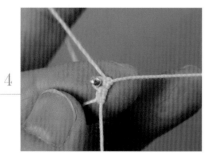

再编织上针，这样就在耳中穿入了串珠。

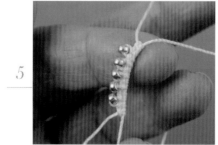

在环的所有耳中穿入了串珠。拉动梭子的线，收紧线环。

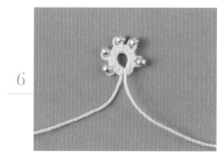

完成。

在桥的耳中穿入串珠

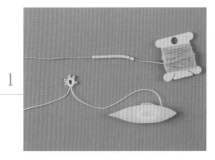

1

事先在缠线板的线中穿好串珠。

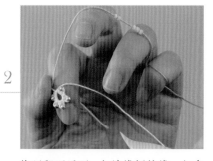

2

将环翻至反面，与缠线板的线一起拿好，将所需颗数的串珠移至左手的手指背面。

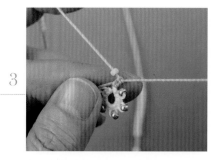

3

在耳的位置穿入串珠，编织下一个结。

4

这样，就在桥的耳中穿入了串珠。

在环的根部穿入串珠

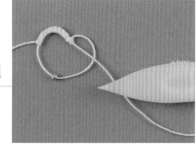

1

将1颗串珠移至左手的线环中，按图解编结。

2

拉动梭子的线收紧线环，环的根部就穿入了串珠。

在芯线中穿入串珠

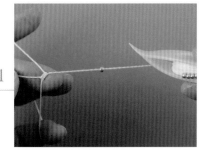

1

在梭子的线中穿入串珠。不将串珠移至左手的线环中。

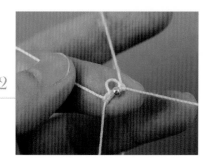

2

在指定位置穿入串珠，编织耳。

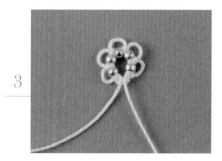

3

这样，就在芯线中穿入了串珠。

Lesson|9 连接方法

接耳A | 这是一般的接耳方法，使用最普遍。

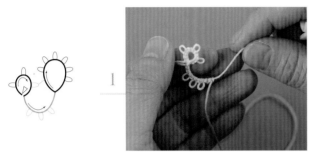

1 编结至接耳位置。

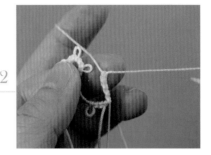

2 将左手线环的线放在左手的食指上。

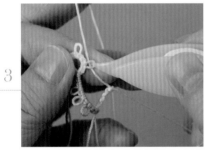

3 再将待连接的耳放在上面，用梭尖从耳中将线拉出（也可以使用蕾丝钩针将线拉出）。

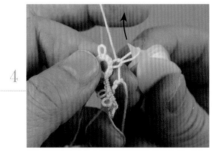

4 将左手线环的线拉出后，如箭头所示将梭子从线圈中穿出来。

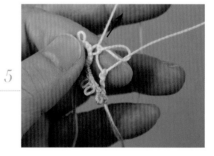

5 用中指拉动左手的线。

6 将线圈拉至与结相同的高度。

7 编织下一个结。这样，耳连接在一起，后面的1个结也完成了。

8 接耳A完成。

接耳B（左手线连接）

这是编织桥作边缘时中途与内侧的耳进行连接的方法。
由于连接部位没有固定，可以调整桥的形状。

1 在待连接的耳里插入梭尖，如箭头所示，从梭子的线的下方挑起左手的线。

2 从耳中将线挑出。

3 从挑出的线圈中穿过梭子。

4 用中指拉动左手的线。

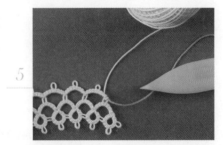

5 梭子的线可以左右活动。

与接耳B的操作要领相同，不同的是用梭线进行连接。
由于连接部位是固定的，连接后不可以收紧针目。
在拉紧前要先调整好前面针目的间距。

接耳C（梭线连接）

1 在待连接的耳里插入梭尖，如箭头所示，挑起梭子的线。

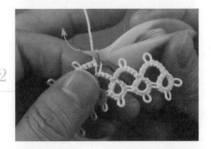

2 从耳中将线挑出，从挑出的线圈中穿过梭子。

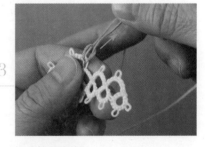

3 拉动梭子的线。

4 用梭子的线接耳完成。

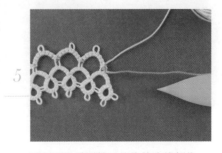

5 正面可以看到梭子的线的连接部位。

接耳D（耳位于右侧时的连接方法）

如图解的花片所示，最初的环的耳位于右侧，与最后的环连接成环形时使用的方法。

渡线

1

要与●接耳，连接成环形。首先，如箭头所示将花片对折。

2

此时，●反面朝上。如箭头所示翻折，翻至正面，呈环形。

50

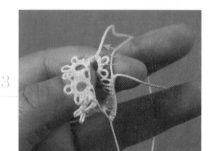

3

如箭头所示，在翻至正面后的耳里插入梭尖。

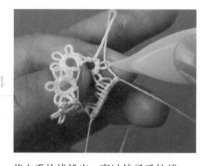

4

将左手的线挑出，穿过梭子后拉线。

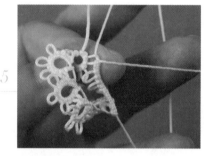

5

正面接耳完成。

6

按图解继续编结。

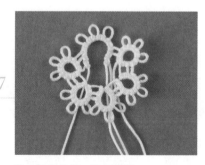

7

拉动梭子的线，将环收紧。

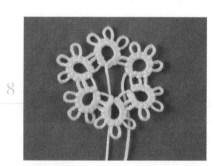

8

花片完成。参照p.54，将编织起点和编织终点的线头打结，处理好线头。

Lesson 10 渡线

图解中标有"渡线"的地方，留出指定长度的线后再编结，就会出现
1条渡线。

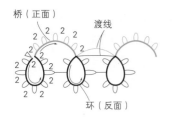

桥（正面）　渡线

环（反面）

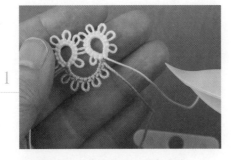

1 按图解编织至指定位置，准备渡线。

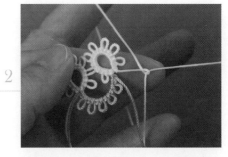

2 留出指定长度的线，接着按图解继续编织。

3 渡线完成。

4 编织桥的线也要按相同要领渡线。

5 将环翻至反面，留出指定长度的线，接着
编织下针。

6 桥的渡线完成。

Lesson 11 裂环编织

这是使用2个梭子编织1个环的方法。
其中，一半的环从上针开始编织。这样的环叫作裂环。

裂环（正面）

7　7

梭子a　　　　梭子b
从下针开始编织　从上针开始编织

用梭子a的线在左手上绕成环形，编织7个结，相当于环的一半。接下来朝箭头所示方向编织另一半的7个结。

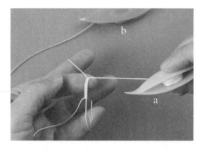

将左手的线环上下翻转重新拿好。

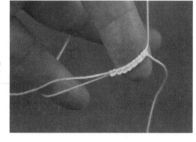

用梭子b的线继续编织。按上针的编织要领，如箭头所示穿梭子。

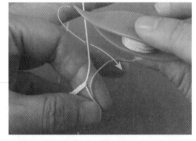

拉紧左手的线不要放松，将梭子b的线缠在上面。

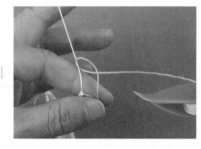

裂环编织的上针完成。此时，芯线是左手的线。

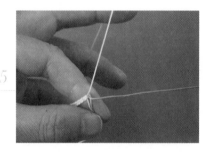

接着，按下针的编织要领穿梭子b，拉紧左手的线不要放松，将线缠在上面。

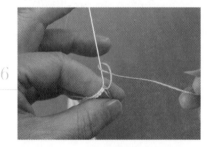

裂环编织的1个结完成。按相同要领继续编织。

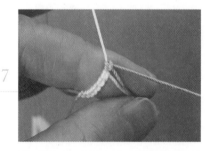

编完7个结后的状态，每个结的朝向与另一侧相同。

拉动梭子a的线，收紧环。

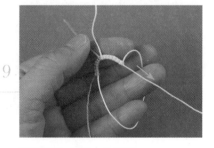

第1个裂环完成。

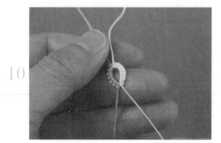

重复以上操作继续编织。可以朝着一个方向连续编织环。

52

Lesson | 12 约瑟芬结的编织方法

约瑟芬结
8针下针

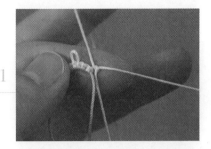

在指定位置按环的编织要领将线挂在左手上，连续编织下针。

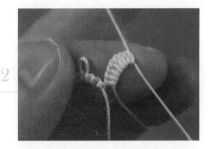

编织时稍微松一点，保持针目的大小一致。

20

5 5
5 5

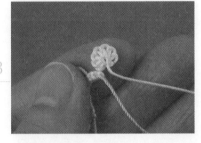

拉动梭子的线，收紧环。

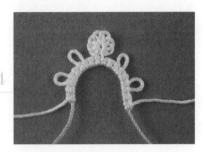

8针下针的约瑟芬结完成。

53

Lesson | 13 模拟环的编织方法

在指定位置用梭子的线做一个环。

为了防止环缩小，用夹子夹住。继续编织。

编织完指定的结数后，取下夹子，从环中穿过梭子。

拉动线，收紧环。

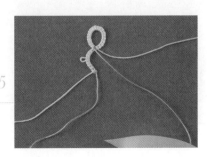

接着编织桥。

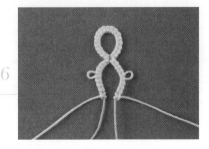

模拟环完成。

Lesson|14 线头的处理方法

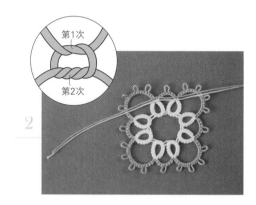

1 花片编织完成后，将线剪断。翻至反面打结。

2 第1次打结时绕线1圈，第2次打结时绕线2圈。

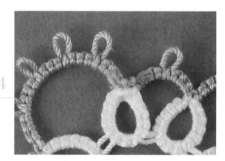

3 剪断线头，涂上布用胶水。

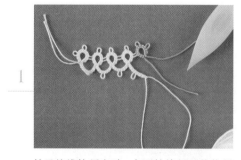

4 趁着胶水还没干将剩余的线头粘在针目的反面，不要露出正面。

54

Lesson|15 中途线不够用时的换线方法

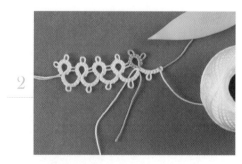

1 梭子的线快用完时，在开始编织环的位置换线。开始编织时不要打结，等结束时再打结。

2 在反面处理线头。

制作方法

*由于用线量都比较少，书中不再——标示。所有作品都可以用1团线完成。
*图中的尺寸均为使用指定的线编织时的尺寸（饰边为1个花样的尺寸）。每个人编织时手的松紧度不同，
作品大小也会不一样。

如何看懂编织图

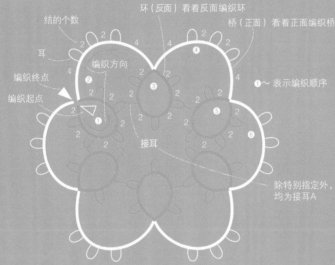

用线一览

Olympus / 梭编蕾丝线<中> 棉100% 约40m／团（相当于40号蕾丝线）

Olympus / 梭编蕾丝线<粗> 棉100% 约40m／团（相当于20号蕾丝线）

Olympus / 梭编蕾丝线<金属线> 涤纶100% 约40m／团（相当于40号蕾丝线）

Olympus / Emmy Grande <Colors> 棉100% 10g／团、约44m（相当于20号蕾丝线）

Olympus / 金票40号蕾丝线 棉100% 10g／团、约89m

DARUMA / 蕾丝线30号葵 棉（顶级匹马棉）100% 25g／团、约145m

DARUMA / 蕾丝线60号 棉100% 10g／团、约125m

DARUMA / 蕾丝线40号紫野 棉100% 10g／团、约82m

DMC / Coton Perle 12号 棉100% 10g／团、约120m

DMC / Coton Perle 8号 棉100% 10g／团、约80m

DMC / Cebelia 30号 长纤维棉100% 50g／团、约540m

DMC / Cebelia 40号 长纤维棉100% 50g／团、约680m

DMC / Cordonnet Special 40号 长纤维棉100% 20g／团、约220m

DMC / Special Dentelles 80号 长纤维棉100% 5g／团、约97m

p.6　001❖

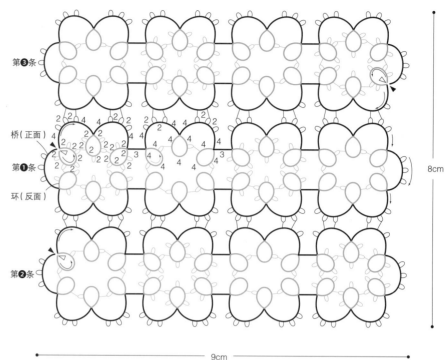

第❸条

桥（正面）

第❶条

环（反面）

第❷条

8cm

9cm

✻ 准备用线 ✻

— （ T206 ）、（ T210 ）		环
— （ T202 ）		桥

p.7　002～008

002❖
|材料和工具 |
用线：Olympus 梭编蕾丝线<中>（ T201 ）、（ T203 ）
工具：梭子1个

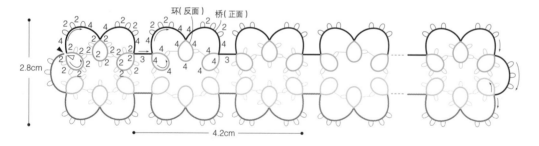

环（反面）　桥（正面）

2.8cm

4.2cm

✻ 准备用线 ✻

═ （ T201 ）		环
▬ （ T203 ）		桥

003❖❖
|材料和工具 |
用线：Olympus 梭编蕾丝线<中>（ T203 ）/ 串珠：MIYUKI Delica Beads DB203 / 工具：梭子2个

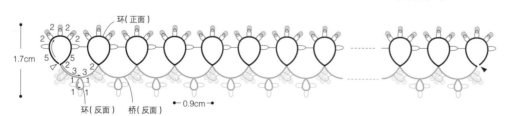

环（正面）

1.7cm

环（反面）　桥（反面）

0.9cm

✻ 准备用线 ✻

—		
—		
▣	Delica Beads	

 （ 1个花样=3颗 ）

 （ 1个花样=4颗 ）

※ 串珠的穿法参照p.46

004◆ |材料和工具 |
用线：Olympus 梭编蕾丝线<中>（T201）／工具：梭子1个

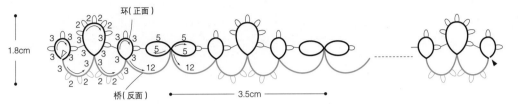

1.8cm

环（正面）
3
3
3
2 0 2
2 0 2
5 5
5 5
12
12
桥（反面）
3.5cm

* 准备用线 *

—	⬭	环
—	▣	桥

*可以用连在一起的梭子和线团开始编织（参照p.45）

005◆ |材料和工具 |
用线：Olympus 梭编蕾丝线<中>（T201）、梭编蕾丝线<金属线>（T401）／工具：梭子1个

0.8cm
2 0 2
5
5
桥（正面）
环（反面）
耳极小
0.7cm

* 准备用线 *

—（T201）	⬭	环
—（T401）	▣	桥

• = 接耳C

* 参照p.49

006✥ |材料和工具 |
用线：Olympus 梭编蕾丝线<中>（T201）、梭编蕾丝线<金属线>（T401）／串珠：MIYUKI Delica Beads DB351 ／工具：梭子1个

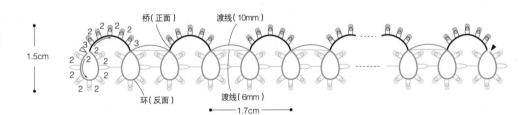

1.5cm
2 0 2
2
2
桥（正面）
渡线（10mm）
环（反面）
渡线（6mm）
1.7cm

* 准备用线 *

—（T201）	⬭	环
—（T401）	▣	桥
⬭ Delica Beads		

⬭ ▭▭▭▭▭▭ （1个花样=10颗）

▣ ●●●●●● （1个花样=5颗）

※ 串珠的穿法参照p.46

57

007✥ |材料和工具 |
用线：Olympus 梭编蕾丝线<中>（T201）／串珠：MIYUKI Delica Beads DB1831 ／工具：梭子1个

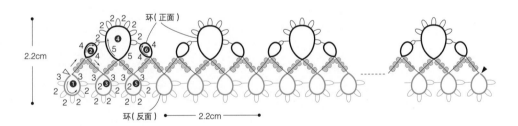

2.2cm
2 0 2
环（正面）
②
④
5
④
5
④
①
③
⑤
5
4
4
④
⑥
环（反面）
2.2cm

* 准备用线 *

—	⬭	环
● Delica Beads		

⬭ ●●●●●●● （1个花样=18颗）

※ 串珠的穿法参照p.46

008◆ |材料和工具 |
用线：Olympus 梭编蕾丝线<中>（T203）／工具：梭子1个

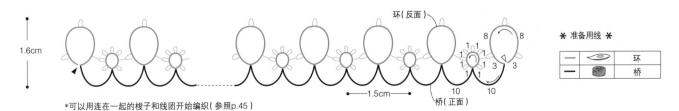

1.6cm
环（反面）
8
1 1
1 1
1 1
1 1
3
3
10
10
桥（正面）
1.5cm

* 准备用线 *

—	⬭	环
—	▣	桥

*可以用连在一起的梭子和线团开始编织（参照p.45）

p.8　009✤

|材料和工具 |
用线：Olympus 梭编蕾丝线<中>（T202）
串珠：MIYUKI 大圆珠 528号 16颗
工具：梭子2个

|成品尺寸 |　指围6cm

|要领 |
将线缠在各个梭子上，在每个梭子的线上各穿入8颗串珠后开始编织。参照p.52编织第1个裂环后，每个梭子上的串珠各移入1颗，再编织下一个环。重复以上操作。

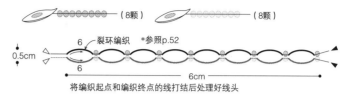

将编织起点和编织终点的线打结后处理好线头

* 准备用线 *

—		环
⚬⚬⚬		环
● ●	大圆珠	

*串珠的穿法参照p.46

p.8　010✤

|材料和工具 |
用线：Olympus 梭编蕾丝线<中>（T202）
串珠：巴洛克珍珠 K354 2颗
工具：梭子1个

|成品尺寸 |　长46cm

|要领 |
将线缠在梭子上，在线上穿入2颗串珠后开始编织。参照p.47 "在环的根部穿入串珠" 的方法，穿入珍珠编织第1个环。接下来编织后面的环时，不要将环完全收紧，使其呈半环形。交替重复编织下针、上针，编织完62个花样的环后，移入预先穿好的珍珠，再编织最后2个花样的环。最后，参照图解编织四叶草形状的花片。花瓣的心形收紧时比较难拉，所以编织时稍松一点，收环时注意不要将线拉断。

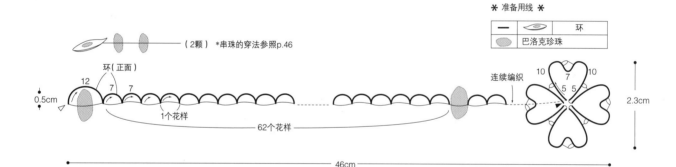

（2颗）　*串珠的穿法参照p.46

* 准备用线 *

—		环
⬭	巴洛克珍珠	

p.9　011✤

|材料和工具 |
用线：Olympus 梭编蕾丝线<粗>（T301）
工具：梭子2个

|成品尺寸 |　底部直径5cm、高5cm

|要领 |
先将线缠在各个梭子上。参照图解编织环和桥制作第❶条饰边。第❷~❹条饰边一边编织一边与前一条饰边连接。第❺条与第❶条饰边连接，连成环形。第❻条与第❺条饰边连接。分别将各条花边的编织起点和编织终点的线打结后处理好线头。将硬纸板等卷成筒状，用保鲜膜包好，在外面套上编织完成的蜡烛的饰边，再挂浆定型（将木工用黏合剂稀释后使用，或者用手工用定型液）。

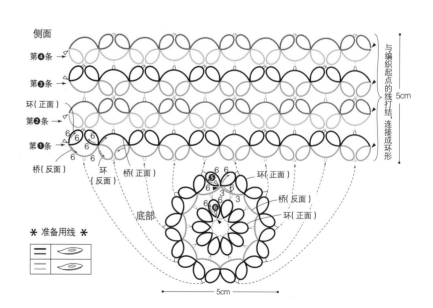

* 准备用线 *

═	
—	

p.9　012✦

| 材料和工具 |
用线：Olympus 梭编蕾丝线<粗>（T303）
工具：梭子1个

| 成品尺寸 |　适用于直径6cm的装饰球　长19cm

| 要领 |
将线缠在梭子上。参照图解编织环和桥制作饰边。将编织起点和编织终点的线头打结，
连接成环形。用手工用胶水将饰边粘贴在装饰球上。

组合方法

用胶水粘贴
在装饰球上

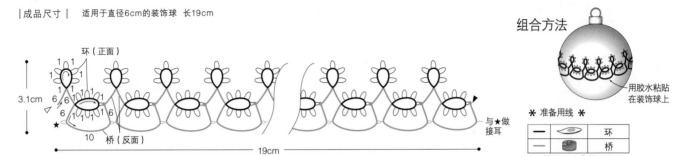

3.1cm

环（正面）

桥（反面）

10

19cm

与★做接耳

※ 准备用线 ※

—	〰️	环
—	◯	桥
➤—	接耳C　※参照p.49	

p.10　013~017

013 | 材料和工具 |　用线：Olympus 梭编蕾丝线<粗>（T301）/串珠：MIYUKI 5mm的珍珠 J601、大圆珠 528号/工具：梭子2个

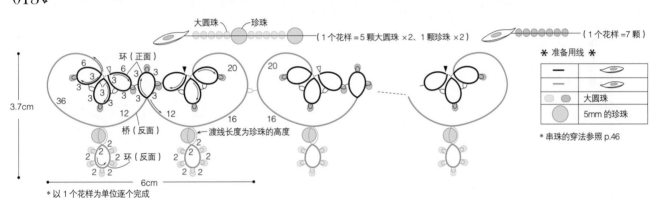

大圆珠　珍珠
（1个花样＝5颗大圆珠 ×2，1颗珍珠 ×2）

（1个花样＝7颗）

环（正面）

3.7cm

桥（反面）

渡线长度为珍珠的高度

环（反面）

6cm

* 以1个花样为单位逐个完成

※ 准备用线 ※

—	〰️	
—	〰️	
◯	大圆珠	
⬤	5mm 的珍珠	

* 串珠的穿法参照 p.46

014 | 材料和工具 |　用线：Olympus 梭编蕾丝线<粗>（T302）/串珠：MIYUKI 大圆珠 528号/工具：梭子1个

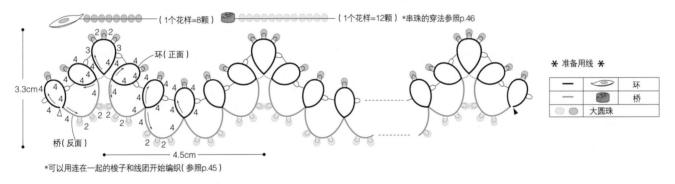

（1个花样8颗）
（1个花样12颗）*串珠的穿法参照p.46

环（正面）

3.3cm

桥（反面）

4.5cm

*可以用连在一起的梭子和线团开始编织（参照p.45）

※ 准备用线 ※

—	〰️	环
—	◯	桥
◯	大圆珠	

015✦ | 材料和工具 |　用线：Olympus 梭编蕾丝线<粗>（T303）/工具：梭子1个

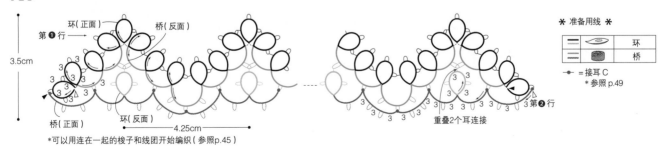

第❶行→

环（正面）　桥（反面）

3.5cm

桥（正面）　环（反面）

4.25cm

第❷行
重叠2个耳连接

*可以用连在一起的梭子和线团开始编织（参照p.45）

※ 准备用线 ※

—	〰️	环
—	◯	桥
➤—	＝接耳 C	

* 参照 p.49

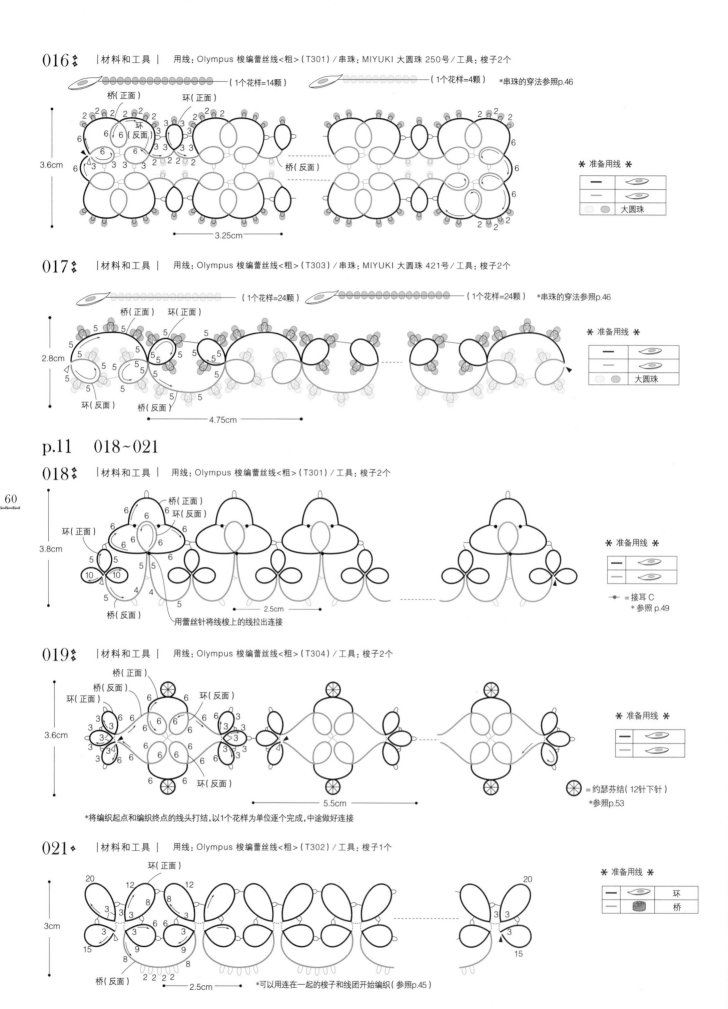

016 | 材料和工具 | 用线：Olympus 梭编蕾丝线<粗>（T301）／串珠：MIYUKI 大圆珠 250号／工具：梭子2个

（1个花样=14颗）　（1个花样=4颗）　*串珠的穿法参照p.46

桥（正面）　环（正面）
环（反面）
3.6cm
3.25cm

桥（反面）

✳ 准备用线 ✳
大圆珠

017 | 材料和工具 | 用线：Olympus 梭编蕾丝线<粗>（T303）／串珠：MIYUKI 大圆珠 421号／工具：梭子2个

（1个花样=24颗）　（1个花样=24颗）　*串珠的穿法参照p.46

桥（正面）　环（正面）
2.8cm
环（反面）　桥（反面）
4.75cm

✳ 准备用线 ✳
大圆珠

p.11　018~021

60

018 | 材料和工具 | 用线：Olympus 梭编蕾丝线<粗>（T301）／工具：梭子2个

桥（正面）　环（正面）
环（正面）
3.8cm
桥（反面）
2.5cm
用蕾丝针将线梭上的线拉出连接

✳ 准备用线 ✳
= 接耳 C
*参照 p.49

019 | 材料和工具 | 用线：Olympus 梭编蕾丝线<粗>（T304）／工具：梭子2个

桥（正面）
桥（反面）
环（正面）
3.6cm
环（反面）
5.5cm

✳ 准备用线 ✳
= 约瑟芬结（12针下针）
*参照 p.53

*将编织起点和编织终点的线头打结，以1个花样为单位逐一完成，中途做好连接

021 | 材料和工具 | 用线：Olympus 梭编蕾丝线<粗>（T302）／工具：梭子1个

环（正面）
3cm
桥（反面）
2.5cm　*可以用连在一起的梭子和线团开始编织（参照p.45）

✳ 准备用线 ✳
环
桥

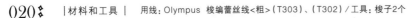

020 ✺ | 材料和工具 | 用线：Olympus 梭编蕾丝线<粗>（T303）、（T302）／工具：梭子2个

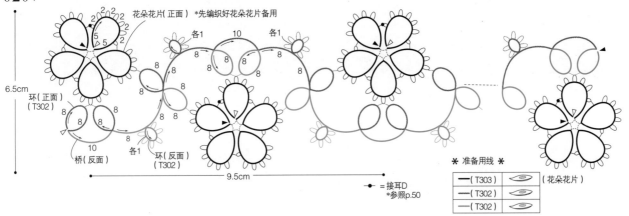

花朵花片（正面）*先编织好花朵花片备用

6.5cm

环（正面）（T302）

桥（反面） 各1 环（反面）（T302）

各1 10 各1

9.5cm

◆— = 接耳D
*参照p.50

❋ 准备用线 ❋

—（T303）	⬭	（花朵花片）
—（T302）	⬭	
—（T302）	⬭	

---

p.12　022 ✦

| 材料和工具 |
用线：Olympus 金票40号蕾丝线（541）、（293）
工具：梭子2个

| 成品尺寸 | 1个花样1.8cm

| 要领 |
将线缠在各个梭子上。将橄榄绿色的梭线挂在左手上，用缠着黄色梭线的梭子编织桥。编织3个结后编织1个环。叶子部分用缠着橄榄绿色梭线的梭子编织环，小花部分用缠着黄色梭线的梭子编织环。

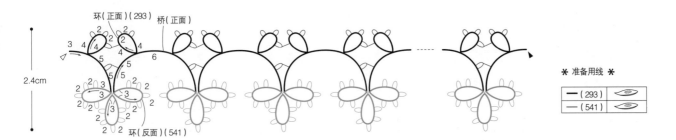

环（正面）（293） 桥（正面）

2.4cm

环（反面）（541）

1.8cm

❋ 准备用线 ❋

| —（293） | ⬭ |
| —（541） | ⬭ |

61

---

p.13　023~026

023 ✺ | 材料和工具 | 用线：Olympus 梭编蕾丝线<中>（T202）、（T201）／工具：梭子2个

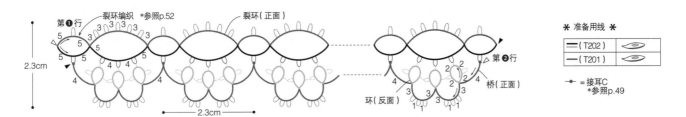

第❶行 裂环编织 *参照p.52 裂环（正面）

2.3cm

第❷行

环（反面） 桥（正面）

2.3cm

❋ 准备用线 ❋

| —（T202） | ⬭ |
| —（T201） | ⬭ |

◆— = 接耳C
*参照p.49

---

024 ✺ | 材料和工具 | 用线：Olympus 金票40号蕾丝线（741）／工具：梭子2个

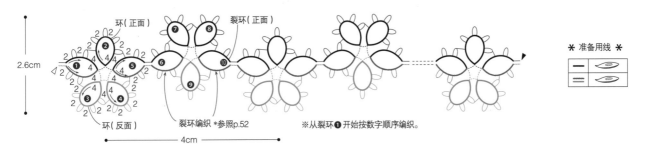

环（正面） 裂环（正面）

2.6cm

环（反面） 裂环编织 *参照p.52 ※从裂环❶开始按数字顺序编织。

4cm

❋ 准备用线 ❋

| — | ⬭ |
| ═ | ⬭ |

025✂ ｜材料和工具｜ 用线：Olympus 梭编蕾丝线＜中＞（T203）／串珠：MIYUKI 大圆珠 1号／工具：梭子2个

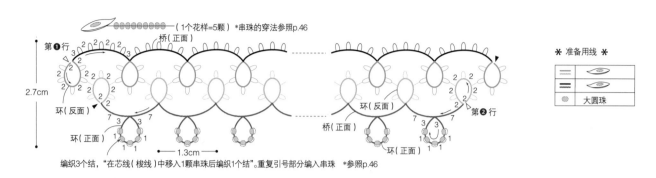

（1个花样=5颗） ＊串珠的穿法参照p.46

第❶行
2.7cm
环（反面）▲
环（正面）
1.3cm
编织3个结，"在芯线（梭线）中移入1颗串珠后编织1个结"。重复引号部分编入串珠 ＊参照p.46

环（反面）
桥（正面）
桥（正面）
第❷行
环（正面）

＊ 准备用线 ＊

═══	
━━━	
⬭	大圆珠

026✂ ｜材料和工具｜ 用线：Olympus 梭编蕾丝线＜中＞（T202）／串珠：MIYUKI 小圆珠 420号／工具：梭子1个

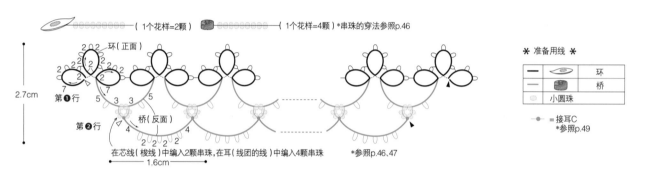

（1个花样=2颗） （1个花样=4颗） ＊串珠的穿法参照p.46

2.7cm
第❶行
环（正面）
第❷行
桥（反面）
在芯线（梭线）中移入2颗串珠，在耳（线团）中编入4颗串珠
1.6cm
＊参照p.46、47

＊ 准备用线 ＊

═══	⬭	环
───	⬯	桥
⬤	小圆珠	
●━	= 接耳C ＊参照p.49	

62

p.14　027✂

｜材料和工具｜
用线：DARUMA 蕾丝线30号葵（1）
串珠：MIYUKI Delica Beads DB221 282颗
龙虾扣1个、圆环2个、调节链
工具：梭子1个

｜成品尺寸｜ 宽3cm、长15cm（仅花边）

｜要领｜
饰边的正反面相同。先在线上穿入282颗串珠，再将线缠在梭子上后开始编织。在左手绕的线中移入6颗串珠，在指定的耳中移入串珠编织第1个环。按图解继续编织饰边，注意接耳的位置。为了使正反两面均可使用，注意线头处理时不要太明显。最后参照组合方法安装圆环、调节链和龙虾扣。

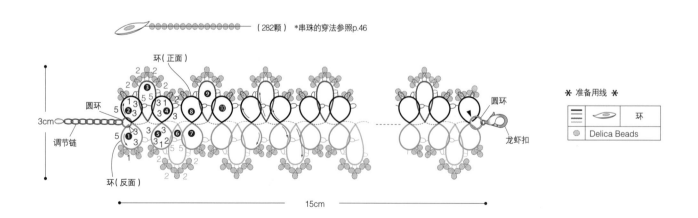

（282颗） ＊串珠的穿法参照p.46

环（正面）
3cm
圆环
调节链
环（反面）
15cm
圆环
龙虾扣

＊ 准备用线 ＊

═══	⬭	环
⬤	Delica Beads	

p.15　028～031

028

|材料和工具|　用线：DARUMA　蕾丝线30号葵（13）／工具：梭子2个

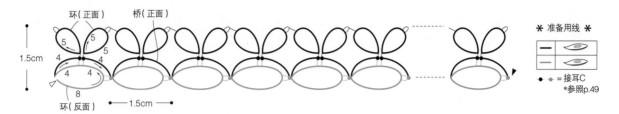

1.5cm

环（正面）　桥（正面）
5　5
4　5
4　4
8
环（反面）
← 1.5cm →

※ 准备用线 ※

● = 接耳C
*参照p.49

029

|材料和工具|　用线：DARUMA　蕾丝线30号葵（13）／工具：梭子2个

2.8cm

环（正面）
4　0
6　2
3　3　4
3　3　3
2　2　3
2　2
10
环（反面）　桥（正面）
← 1.8cm →
3　3

※ 准备用线 ※

● = 接耳C
*参照p.49

030

|材料和工具|　用线：DARUMA　蕾丝线30号葵（13）／工具：梭子1个

2cm

环（正面）
④
②　5
6　①　③　3　3　6
③　③
④
8　桥（反面）　← 1.6cm →

※ 准备用线 ※

| ═ | 🖊 | 环 |
| ─ | 🖊 | 桥 |

* 可以用连在一起的梭子和线团开始编织（参照p.45）

63

031

|材料和工具|　用线：DARUMA　蕾丝线30号葵（13）／工具：梭子1个

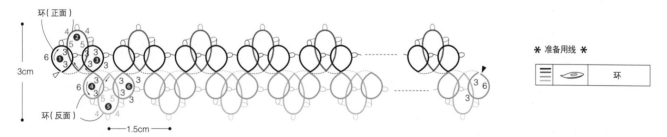

3cm

环（正面）
4　4
②
6　①　③
③
6　④　3　6
5　5
③
5
环（反面）
← 1.5cm →
3　6
3

※ 准备用线 ※

| ≡ | 🖊 | 环 |

p.16　032

|材料和工具|
用线：DMC Coton Perle 12号（B5200）
工具：梭子1个

|成品尺寸|　领围53cm（23个花样）、袖口各22cm（各10个花样）

|要领|
与034的编织方法相同。先将线缠在梭子上。测量领围和袖口尺寸确定
想要制作的饰边长度。第❶行按图解编织桥和环，编织至所需长度。第
❷行一边编织桥一边用接耳B的方法与第❶行的耳做接接。最后缝在衣
领和袖口边缘。

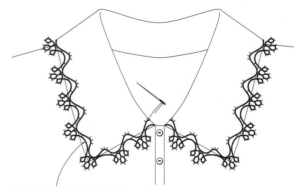

测量领围和袖口的长度编织饰边，从正面缝合

033 ✧✧ ｜材料和工具｜ 用线：DMC Coton Perle 8号（BLANC）/工具：梭子1个

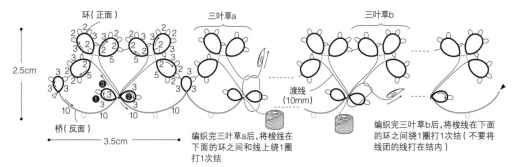

环（正面）　三叶草a　三叶草b

2.5cm

桥（反面）

3.5cm

渡线（10mm）

编织完三叶草a后，将梭线在下面的环之间和线上绕1圈打1次结

编织完三叶草b后，将梭线在下面的环之间绕1圈打1次结（不要将线团的线打在结内）

＊ 准备用线 ＊

		环
		桥

*可以用连在一起的梭子和线团开始编织（参照p.45）

034 ✧ ｜材料和工具｜ 用线：DMC Coton Perle 12号（BLANC）/工具：梭子1个

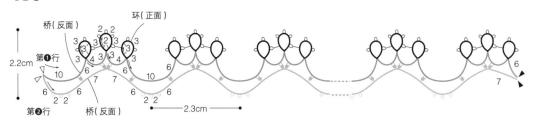

桥（反面）　环（正面）

2.2cm

第❶行

第❷行　桥（反面）

2.3cm

＊ 准备用线 ＊

		环
		桥

= 接耳B
*参照p.49

*可以用连在一起的梭子和线团开始编织（参照p.45）

035 ✧ ｜材料和工具｜ 用线：DMC Cordonnet Special 40号（ECRU）/工具：梭子2个

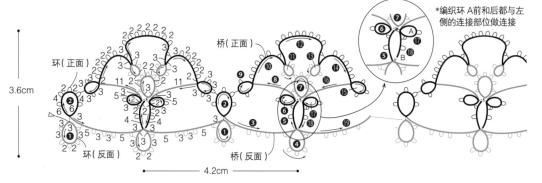

环（正面）　桥（正面）

*编织环A前和后都与左侧的连接部位做连接

*编织桥B后与下面的环做连接

3.6cm

环（反面）　桥（反面）

4.2cm

＊ 准备用线 ＊

036 ✧ ｜材料和工具｜ 用线：DMC Cordonnet Special 40号（BLANC）/工具：梭子2个

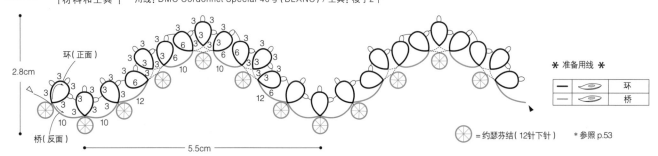

环（正面）

2.8cm

桥（反面）

5.5cm

= 约瑟芬结（12针下针） ＊ 参照 p.53

＊ 准备用线 ＊

		环
		桥

037 ✧ ｜材料和工具｜ 用线：DMC Special Dentelles 80号（BLANC）/工具：梭子2个

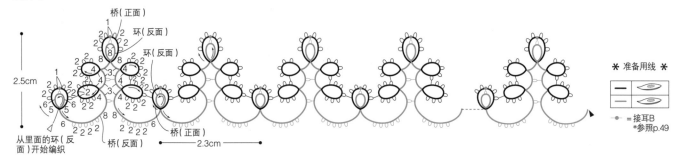

桥（正面）
环（正面）
环（反面）
环（反面）

2.5cm

从里面的环（反面）开始编织

桥（正面）
桥（反面）

2.3cm

= 接耳B
*参照p.49

＊ 准备用线 ＊

038❖ ｜材料和工具｜ 用线：DMC Special Dentelles 80号（ECRU）／工具：梭子2个

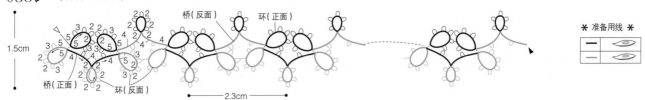

桥（反面）　环（正面）

1.5cm

桥（正面）　环（反面）

2.3cm

＊ 准备用线 ＊

p.18　039❖

｜材料和工具｜
用线：DARUMA 蕾丝线60号 039/（1）、044/（6）
串珠：MIYUKI 小圆珠 420号 352颗（044也使用相同的串珠）
工具：梭子2个

｜成品尺寸｜ 宽2.5cm、长43cm

｜要领｜
与044的编织方法相同（参照p.66）。将线缠在2个梭子上，再在每个梭子的线上分别穿入指定数量的串珠后开始编织。从指定位置开始按❶~⑫的顺序编织。一边编织一边在指定环的根部或者耳中移入串珠。连接成环形缝在茶壶套的外面。

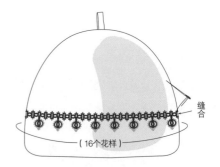

缝合

（16个花样）

p.19　040~044

040❖ ｜材料和工具｜ 用线：DARUMA 蕾丝线60号（1）10m／串珠：MIYUKI 2mm的珍珠K381／工具：梭子2个
　　　｜要领｜ 参照p.47"在芯线中穿入串珠"的方法编织。

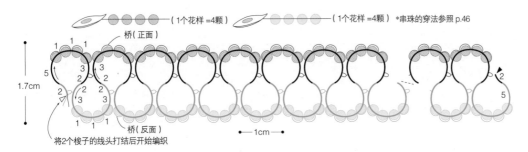

（1个花样=4颗）　　　　　（1个花样=4颗）＊串珠的穿法参照p.46

桥（正面）

1.7cm

桥（反面）

将2个梭子的线头打结后开始编织

＊ 准备用线 ＊

		桥
		桥
◯ ◯	2mm的珍珠	

65

1cm

041❖ ｜材料和工具｜ 用线：DARUMA 蕾丝线40号紫野（1）／串珠：MIYUKI 大圆珠 410号 FR／工具：梭子2个

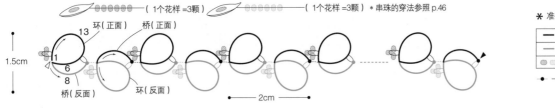

（1个花样=3颗）　　　　　（1个花样=3颗）＊串珠的穿法参照p.46

环（正面）　桥（正面）

1.5cm

桥（反面）　环（正面）

2cm

＊ 准备用线 ＊

◯ ◯	大圆珠

●－●＝接耳 C
＊参照 p.49

042❖ ｜材料和工具｜
用线：DARUMA 蕾丝线60号（1）
工具：梭子1个、回形针

｜要领｜
如图所示，在连在一起的梭子和线团（或缠线板）的线中别上回形针后编织5个结的桥。水平方向翻至反面，编织下一行的桥，注意结头位置同一方向。直接编织会发生扭转，所以要消除扭转后再编1个小耳。编织5个结后，取下最初别上的回形针，用接耳C的方法连接。按相同要领参照图解继续编织。

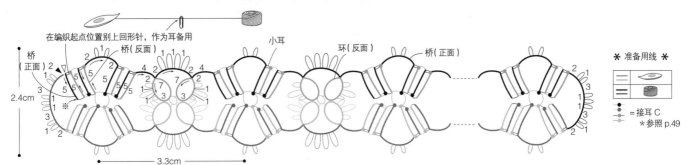

在编织起点位置别上回形针，作为耳备用

小耳

环（反面）　桥（正面）

桥（正面）　桥（反面）

2.4cm

3.3cm

＊可以用连在一起的梭子和线团开始编织（参照p.45）

※为了避免扭转，可以编织1针上针

＊ 准备用线 ＊

●●＝接耳 C
＊参照 p.49

043

| 材料和工具 |
用线：DARUMA 蕾丝线40号紫野（2）
串珠：MIYUKI 枣形巴洛克珍珠 4mm×6mm、小圆珠 1号
工具：梭子1个

| 要领 |
第❶行参照p.47 "在芯线中穿入串珠" 的方法，一边编织环一边做5mm的耳。第❷行用接耳C的方法与第❶行做连接后，在小耳中移入串珠。

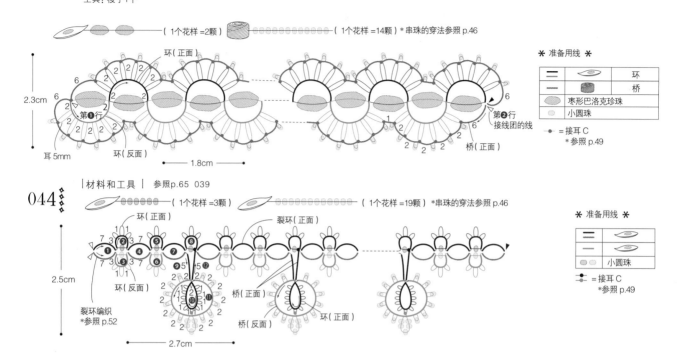

（1个花样=2颗）　　　　　（1个花样=14颗）＊串珠的穿法参照p.46

2.3cm
1.8cm
耳5mm
环（正面）
环（反面）
第❶行
第❷行接线团的线
桥（正面）

＊ 准备用线 ＊

═	🌰（枣形）	环
─	⬤（圆）	桥
⬭		枣形巴洛克珍珠
○		小圆珠

●— = 接耳C
＊参照p.49

044

| 材料和工具 |　参照p.65 039

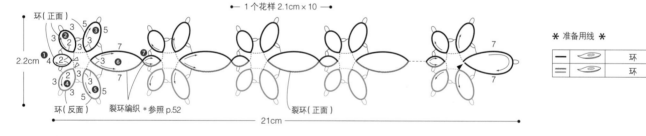

（1个花样=3颗）　　　　（1个花样=19颗）＊串珠的穿法参照p.46

2.5cm
2.7cm
环（正面）
裂环（正面）
桥（正面）
桥（反面）
环（正面）
裂环编织
＊参照p.52

＊ 准备用线 ＊

═	⬭	
─	⬭	
○ ○		小圆珠

━● = 接耳C
＊参照p.49

p.20　　045
p.21　　051

| 材料和工具 |　用线：Olympus 梭编蕾丝线<中>（T203）/工具：梭子2个

| 要领 |
分别将线缠在2个梭子上。从指定位置开始编织，分别用2个梭子编织❶～❺的环，再编织裂环❻、❼，接着继续编织普通的环。最后的环不要做裂环编织，编织普通的环与相邻环的根部连接，处理好线头。为了使正、反两面均可使用，注意线头处理时不要太明显。无须安装金属配件，利用花样的小洞连接成手链。

| 成品尺寸 |　宽2.2cm、长21cm

← 1个花样 2.1cm × 10 →

2.2cm
环（正面）
环（反面）
裂环编织 ＊参照p.52
裂环（正面）
21cm

＊ 准备用线 ＊

─	⬭	环
═	⬭	环

p.20　　046
p.21　　048

| 材料和工具 |
用线：Olympus 梭编蕾丝线<中>（T203）
工具：梭子2个

| 要领 |
分别将线缠在2个梭子上。从环开始编织，从指定位置开始编织裂环，注意每个环的结数不同。为了使正反两面均可使用，注意线头处理时不要太明显。无须安装金属配件，利用花样的小洞连接成手链。

| 成品尺寸 |　宽2cm、长21cm

← 1个花样 2.8cm × 7.5 →

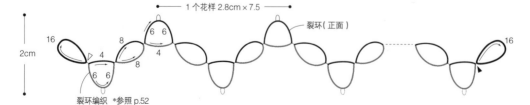

2cm
16
8
4
6 6
8
4
裂环（正面）
16
裂环编织 ＊参照p.52
21cm

＊ 准备用线 ＊

─	⬭	环
─	⬭	环

p.21　047、049、050

047✤ ｜材料和工具｜　用线：Olympus 梭编蕾丝线<中>（T203）/工具：梭子1个

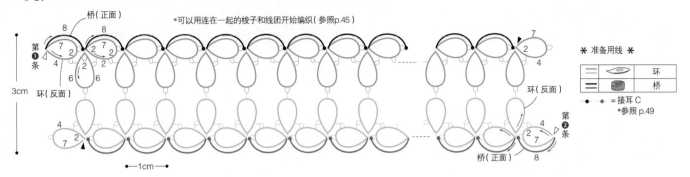

049✤ ｜材料和工具｜　用线：Olympus 梭编蕾丝线<中>（T203）/工具：梭子1个

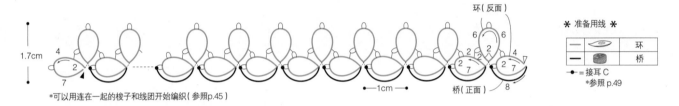

050✿ ｜材料和工具｜　用线：Olympus 梭编蕾丝线<中>（T203）/工具：梭子2个

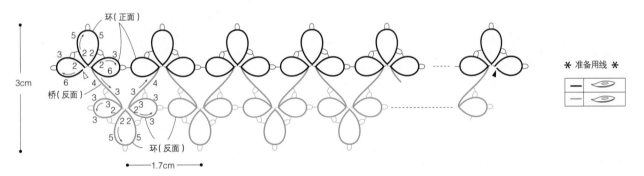

p.24　052✿

｜材料和工具｜
用线：DARUMA 蕾丝线40号紫野（3）
串珠：MIYUKI 串珠DB221　92颗
耳钩1对
圆环2个
工具：梭子1个

｜成品尺寸｜　宽2.2cm、长2.7cm（仅花片）

｜要领｜
编织左、右2个花片。参照p.46，每个花片需要46颗串珠，先在线上穿入串珠，将线缠在梭子上开始编织。收紧环后，在编织下一个环前移入1颗串珠。在编织第3、4、5个环时，在耳中穿入串珠编织。在左手所绕的线环里移入要穿入环的耳中的串珠颗数，然后一边在指定的耳中穿入串珠一边编织环。按图解编织花片。为了使正、反两面均可使用，注意处理线头时不要太明显。参照配件组合图安装圆环和耳钩。

（1个花片＝46颗×2）　*串珠的穿法参照 p.46

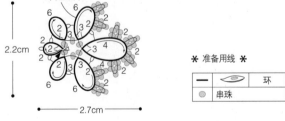

配件的组合方法

p.24　053✂

│ 材料和工具 │
用线：DARUMA 蕾丝线40号紫野（3）
串珠：MIYUKI 串珠DB221　180颗
耳夹1对
圆环4个
工具：梭子1个

│ 成品尺寸 │　宽3.7cm、长4cm（仅花片）

│ 要领 │
编织左、右2个花片。参照p.46，每个花片需要90颗串珠，先在线上穿入串珠，将线缠在梭子上开始编织。在左手所绕的线环里移入要穿入环的耳中的串珠颗数，然后一边在指定的耳中穿入串珠一边编织环。按图解编织花片，注意接耳的位置。为了使正反两面均可使用，注意线头处理时不要太明显。参照配件组合图安装圆环和耳夹。

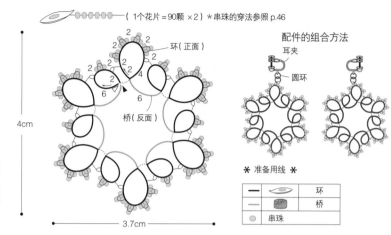

（1个花片＝90颗 ×2）＊串珠的穿法参照p.46

环（正面）

桥（反面）

4cm

3.7cm

配件的组合方法

耳夹

圆环

＊ 准备用线 ＊

—	⬭	环
=	▮	桥
⬤	串珠	

＊可以用连在一起的梭子和线团开始编织（参照p.45）

p.25　054～057

054✂

│ 材料和工具 │
用线：DARUMA 蕾丝线40号紫野（2）／工具：梭子1个

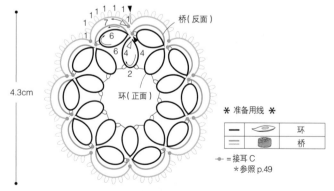

第❷行
环（反面）
桥（正面）
20
10
10
第❶行环（正面）
5.5cm

＊ 准备用线 ＊

≡	⬭	环
—	▮	桥

055✂

│ 材料和工具 │
用线：DARUMA 蕾丝线40号紫野（2）／工具：梭子1个

环（反面）
10
桥（正面）
环（正面）
10
桥（正面）
4cm

＊ 准备用线 ＊

—	⬭	环
=	▮	桥

→ ＝接耳 C
＊参照 p.49

＊第❷行用连在一起的梭子和线团编织
　用接耳C的方法接线后编织耳和桥

056✂

│ 材料和工具 │
用线：DARUMA 蕾丝线40号紫野（2）／工具：梭子1个

桥（反面）
环（正面）
4.3cm

＊ 准备用线 ＊

—	⬭	环
=	▮	桥

→ ＝接耳 C
＊参照p.49

＊可以用连在一起的梭子和线团开始编织（参照p.45）

057✦

│ 材料和工具 │
用线：DARUMA 蕾丝线40号紫野（2）／工具：梭子1个

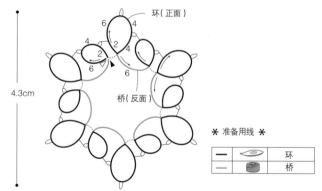

环（正面）
桥（反面）
4.3cm

＊ 准备用线 ＊

—	⬭	环
=	▮	桥

＊可以用连在一起的梭子和线团开始编织（参照p.45）

68

p.26　059❖

p.27　061❖

| 材料和工具 |
用线：059＝DARUMA 蕾丝线40号紫野（2）
　　　061＝Olympus Emmy Grande ＜Colors＞（484）
工具：梭子2个

| 成品尺寸 |　　059＝5.3cm×5.5cm、061＝6.8cm×7cm（仅花片）

| 要领 |
分别将线缠在2个梭子上。编织第1个环后，用另一个梭子编织第2个环。将第2个环的线挂在左手上，编织6个结的桥。用第1个环相同的梭子一边编织环一边接耳，接着用第2个环相同的线编织环。注意环的正反面。按图解继续编织第❶行。第❷行在指定的耳中接梭线后开始编织桥。在花片上系上细绳后绑在蜡烛上。

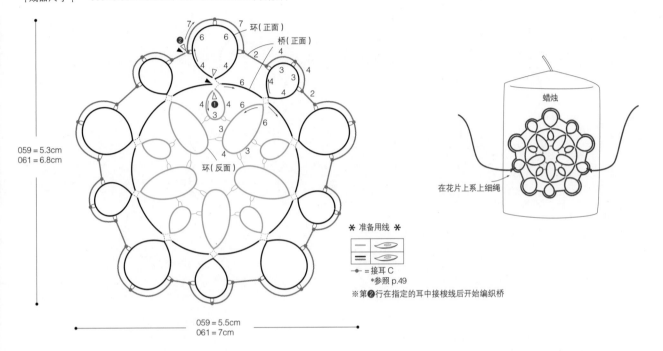

059 = 5.3cm
061 = 6.8cm

7 环（正面）
桥（正面）
❷
环（反面）

* 准备用线 *

➡ ＝接耳 C
　*参照 p.49
※第❷行在指定的耳中接梭线后开始编织桥

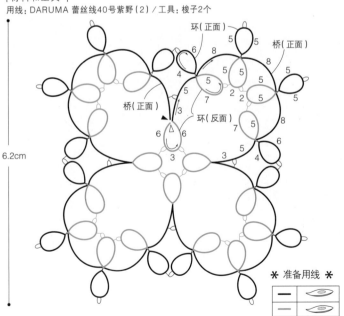

蜡烛

在花片上系上细绳

059 = 5.5cm
061 = 7cm

p.25

058❖

| 材料和工具 |
用线：DARUMA 蕾丝线40号紫野（2）
工具：梭子1个

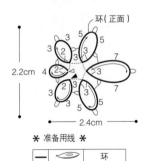

环（正面）

2.2cm

2.4cm

* 准备用线 *

| | | 环 |

p.27　062❖

| 材料和工具 |
用线：DARUMA 蕾丝线40号紫野（2）／工具：梭子2个

环（正面）
桥（正面）

桥（正面）
环（反面）

6.2cm

* 准备用线 *

p.27 |材料和工具|
用线：Olympus 梭编蕾丝线<粗>（T302）、Emmy Grande <Colors>（484）
060❖ 工具：梭子2个

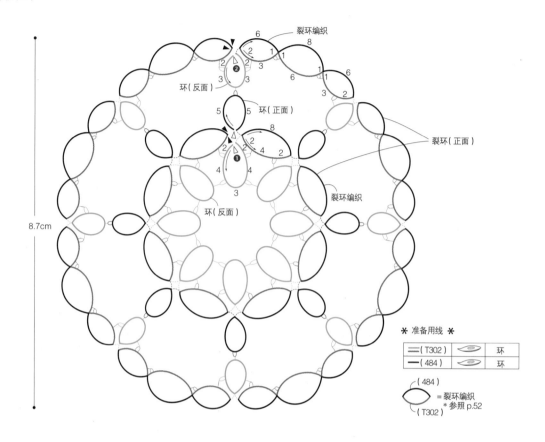

裂环编织

环（反面）

环（正面）

裂环（正面）

裂环编织

环（反面）

8.7cm

❋ 准备用线 ❋

	（T302）		环
	（484）		环

（484）
= 裂环编织
（T302）
＊参照 p.52

70

p.27　063❖ |材料和工具|
用线：DARUMA 蕾丝线40号紫野（2）
工具：梭子1个

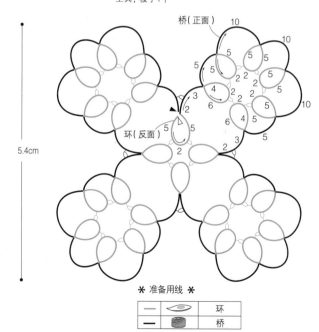

桥（正面）

环（反面）

5.4cm

❋ 准备用线 ❋

		环
		桥

＊可以用连在一起的梭子和线团开始编织（参照p.45）

p.29　070❖ |材料和工具|
用线：Olympus 梭编蕾丝线<粗>（T301）
工具：梭子2个

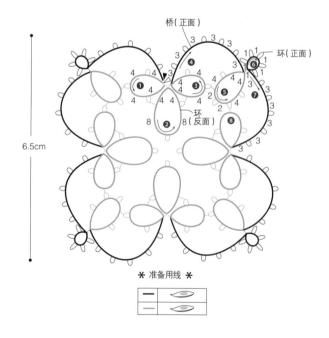

桥（正面）

环（正面）

环（反面）

6.5cm

❋ 准备用线 ❋

p.28　064✤

| 要领 |

将线缠在梭子上。参照p.46在线上穿入38颗串珠后开始编织。在左手所绕的线环中移入4颗串珠，编织第1个环。收紧环后移入1颗串珠，接着编织第2个环。注意穿入串珠的位置，按图解继续编织花片。将编织终点和编织起点的线头打结，处理好线头。制作流苏，穿入串珠，再系在花片上。

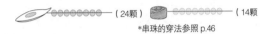

⬭⚫⚫⚫⚫⚫⚫⚫（38颗）　*串珠的穿法参照 p.46

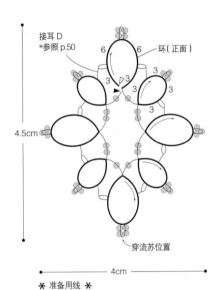

接耳 D
*参照 p.50

6　6　环（正面）

3　3　3　3

3

4.5cm

穿流苏位置

◀————— 4cm —————▶

✱ 准备用线 ✱

—	⬭	环
⚫		大圆珠（528）
◯		5mm的串珠

p.28　065✤

| 要领 |

将线缠在梭子上。参照p.46在梭子的线上穿入24颗串珠，在线团的线上穿入14颗串珠后开始编织。编织第1个环，收紧环后移入1颗串珠，接着编织第2个环。注意穿入串珠的位置，按图解继续编织花片。注意在环的耳中穿入串珠时，参照p.46、47，要在左手所绕的线环中移入珠后编织。将编织终点和编织起点的线头打结，处理好线头。第❷行在指定位置用接线C的方法接线后编织桥。结束时移入串珠，与编织起点的线头打结，就像做了一个耳。制作流苏，穿入串珠，再系在花片上。最后用欧根纱打一个蝴蝶结。

⬭⚫⚫⚫⚫⚫⚫⚫（24颗）　🔘⚫⚫⚫⚫⚫⚫（14颗）
*串珠的穿法参照 p.46

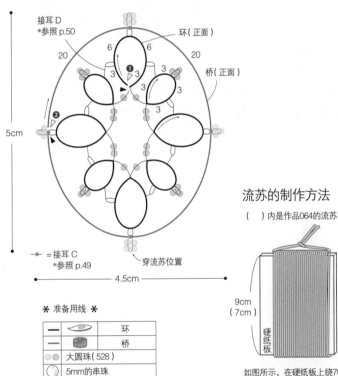

接耳 D
*参照 p.50

6　6

20　20

3　❶3　3

环（正面）

桥（正面）

❷

5cm

——➤ ＝接耳 C
*参照 p.49

穿流苏位置

◀————— 4.5cm —————▶

✱ 准备用线 ✱

—	⬭	环
—	🔘	桥
⚫		大圆珠（528）
◯		5mm的串珠

流苏的制作方法

（　）内是作品064的流苏

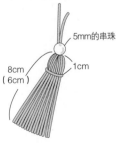

9cm
（7cm）

硬纸板

如图所示，在硬纸板上绕70圈（100圈）线，在中心用线打结系紧，然后将线从硬纸板上取下。

5mm的串珠

8cm　　1cm
（6cm）

在打结位置对折，从上往下1cm处扎紧。将末端剪断，修剪整齐即可。

*按个人喜好用欧根纱打上蝴蝶结装饰

p.37
099✤

外侧的8颗串珠（ ⚪ ）是将串珠穿入左手所绕的线环中后开始编织

外侧的串珠是穿入线环上的8颗串珠，内侧的串珠是从梭子一侧穿入5颗串珠

⚫ ＝在芯线中穿入串珠（参照 p.47）
⚪ ＝在环的耳中穿入串珠（参照 p.46）

5　5

5　5

2.7cm

✱ 准备用线 ✱

—	⬭	
⚫⚪		特小串珠

⬭⚫⚫⚫⚫⚫⚫⚫（70颗）
*串珠的穿法参照 p.46

|材料和工具|
用线：Olympus 梭编蕾丝线<中>（T301）／串珠：MIYUKI 大圆珠 511号 216颗、5mm的串珠J601 12颗／工具：梭子1个

6   6
6   6   9
9   9
6   6   3   3
9   3   3
6   6   3   9   桥（反面）
6   6   9
第❷行   环（正面）
2   2
2   2
2   桥（正面）
6   第❶行
6   6
3   3

环（反面）

12cm

环（反面）

第❶行   （36颗）
（24颗）
1组×12
第❷行   （各12颗）
（144颗）

* 串珠的穿法参照p.46

= 接耳C
* 参照p.49

❋ 准备用线 ❋

		大圆珠
		5mm的串珠

|材料和工具|
用线：Olympus 梭编蕾丝线<粗>（T303）
串珠：MIYUKI 大圆珠 421号 372颗
工具：梭子2个

第❶行   （12颗）
b   （36颗）
第❷行   a   （144颗）
a   （180颗）
第❸行   b

* 串珠的穿法参照 p.46

4   用梭子 a 编织环（正面）
❸   芯线是梭子 b 的线
4   4   桥（正面）
5   5   = 接耳C
5   * 参照p.49
环（正面）
5   3   环（正面）
桥（正面）   4   3   6   3
❷   4   3   3
3   ❶   3   5   6
3   3   5   环（正面）
5

13cm

11cm

❋ 准备用线 ❋

a	
b	
	大圆珠

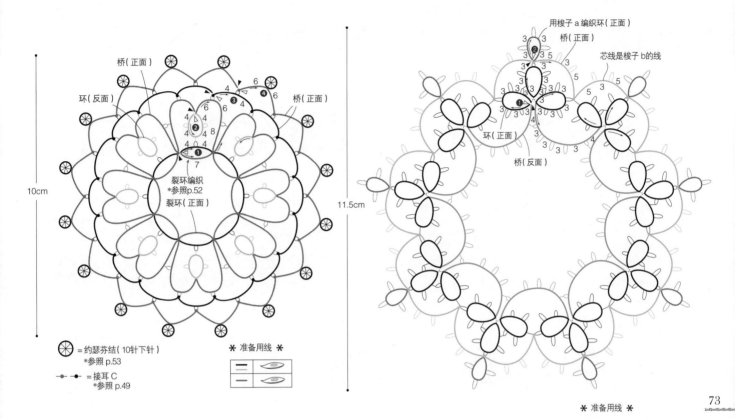

p.29
068

材料和工具
用线：Olympus 梭编蕾丝线<粗>（T302）
工具：梭子2个

桥（正面）
环（反面）
桥（正面）
裂环编织 *参照p.52
裂环（正面）
10cm

= 约瑟芬结（10针下针）*参照p.53
= 接耳C *参照p.49

＊ 准备用线 ＊

p.29
069

材料和工具
用线：Olympus 梭编蕾丝线<粗>（T303）
工具：梭子2个

用梭子a编织环（正面）
桥（正面）
芯线是梭子b的线
环（正面）
桥（反面）
11.5cm

＊ 准备用线 ＊
a
b

= 接耳C *参照p.49

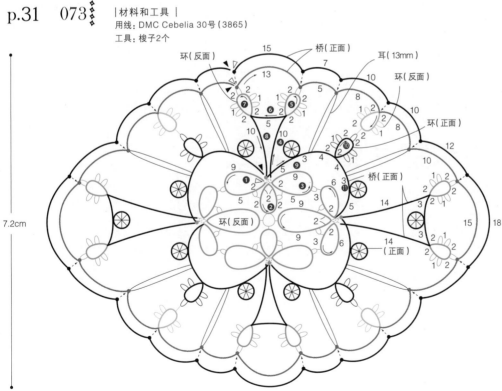

p.31　073

材料和工具
用线：DMC Cebelia 30号（3865）
工具：梭子2个

环（反面）
桥（正面）
耳（13mm）
环（反面）
环（正面）
桥（正面）
环（反面）
（正面）
7.2cm
9.7cm

＊ 准备用线 ＊

 = 接耳C *参照p.49

= 约瑟芬结（8针下针）*参照p.53

p.30　071✦、072✦

p.31　077✦

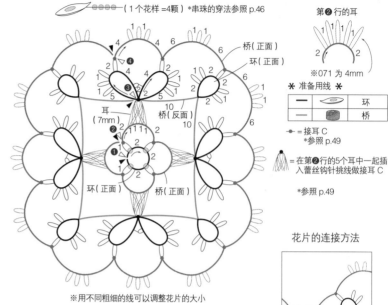

（1个花样 =4颗）*串珠的穿法参照p.46

第❷行的耳

※071 为 4mm

❋ 准备用线 ❋

—	⬭	环
—	▮	桥

◆━◆ = 接耳C
*参照p.49

= 在第❷行的5个耳中一起插入蕾丝钩针挑线做接耳C

*参照p.49

| 材料和工具 |

用线：DMC 071 / Cordonnet Special 40号（ECRU）
072 / Cebelia 30号（3865）
077 / Cebelia 30号（318）
串珠：MIYUKI 071、072 / 2mm的珍珠K381　各16颗（077也使用相同串珠）
工具：梭子1个

| 成品尺寸 |　071 / 宽17.2cm、高4.3cm
072 / 宽24cm、高6cm（仅花片部分）

| 要领 |

将线缠在梭子上。第❶行在梭子的线上穿入4颗串珠后开始编织，参照p.47一边编织一边在耳的芯线中穿入串珠。第❷行编织指定长度的耳。编织第❸行时，在第❷行的5个耳里一起插入蕾丝钩针，拉出梭线，用接耳C的方法接线后按图解继续编织。第❹行也按相同要领一边用接耳C的方法做连接一边编织桥。从第2个花片开始，一边编织第❹行一边与相邻花片接耳。完成后将花片缝在布上。

※用不同粗细的线可以调整花片的大小

072、077 / 6cm
071 / 4.3cm

花片的连接方法

一边接耳连接一边编织

分别缝上13cm长的丝带

在后侧打结

布的长度比糖罐等容器的周长少2cm

74

p.31　074~076

075✦

| 材料和工具 |

用线：DMC Cordonnet Special 40号（B5200）
工具：梭子2个

| 要领 |

第❶行将编织起点和编织终点的线打结时，制作与耳相同长度的环后再打结。参照图解继续编织。

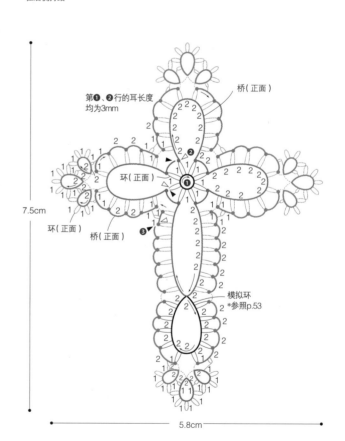

第❶、❷行的耳长度均为3mm

桥（正面）

环（正面）

7.5cm

环（正面）

桥（正面）

模拟环
*参照p.53

5.8cm

❋ 准备用线 ❋

—	⬭
—	⬭

 = 接耳C
*参照p.49

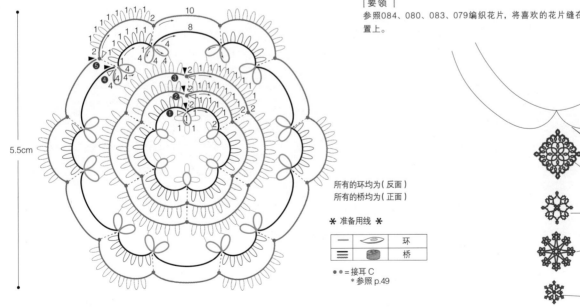

p.31

074 ❖❖❖

|材料和工具 |
用线：DMC Cebelia 30号（318）
串珠：MIYUKI 2mm的珍珠K381 5颗、小圆珠
420号 20颗
工具：梭子1个

| 要领 |
第①行参照p.47 "在环的根部穿入串珠" 的方法编
织。第②行按图解编织环（正面）和桥（反面）后，
编织第1层的环（正面），移入1颗串珠后编织第2
层的桥（反面），用接耳C的方法在根部做连接。
编织第3层的桥时，翻至正面，先编织1针上针消除
扭转后再继续编织。最后用接耳C的方法在环的根
部做连接，接着编织桥（反面）。第❸行的环在接
耳时加入的串珠不用事先穿在线上，用蕾丝钩针穿
入1颗串珠，再将第2行要接的耳从串珠中钩出来
后做连接。

❋ 准备用线 ❋

——	🥢	环
═	⬭	桥
▨	2mm的珍珠	
▢	小圆珠	

● = 接耳B ■ = 接耳C
＊参照 p.49

🍊 = 约瑟芬结（10针下针）
＊参照 p.53

7mm

7.5cm

🍊 = 环（反面）（第①行 =5颗） 🍩 = 桥（反面）（第②行 =5颗 第❸行 =5颗）
＊串珠的穿法参照 p.46

p.31

076 ❖❖❖

|材料和工具 |
用线：DMC Cebelia 30号（3865）
工具：梭子1个

| 要领 |
使用耳尺制作耳，可以统一耳的大小（参照
p.42）。

5.5cm

所有的环均为（反面）
所有的桥均为（正面）

❋ 准备用线 ❋

——	🥢	环
═	⬭	桥

● ● = 接耳C
＊参照 p.49

p.32   078 ❖❖❖

|材料和工具 |
用线：084、080相同，083、079使用DMC Special Dentelles 80
号（ECRU）
工具：梭子2个

| 要领 |
参照084、080、083、079编织花片，将喜欢的花片缝在喜欢的位
置上。

缝合

花片084

花片080

花片083

花片079

p.33　079~084

079✿

｜材料和工具｜
用线：DMC Cordonnet Special 40号（BLANC）（ECRU）
工具：梭子2个

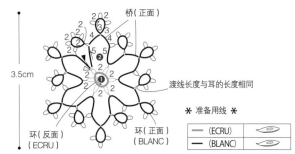

3.5cm

桥（正面）

环（反面）
（ECRU）

环（正面）
（BLANC）

渡线长度与耳的长度相同

＊准备用线＊

| — | （ECRU） | |
| — | （BLANC） | |

＊中心的❶将编织起点和编织终点的线打结时，
制作与耳相同长度的环后再打结，接着编织第
❷行的桥

080✿

｜材料和工具｜
用线：DMC Special Dentelles 80号（ECRU）
工具：梭子2个

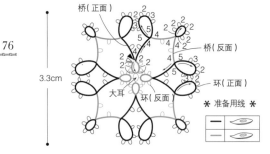

3.3cm

桥（正面）

桥（反面）

环（正面）

大耳

环（反面）

＊准备用线＊

083✿

｜材料和工具｜
用线：DMC Cordonnet Special 40号（BLANC）
工具：梭子2个

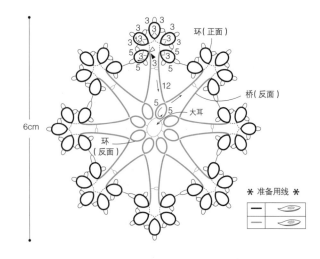

6cm

环（正面）

桥（反面）

12

大耳

环
（反面）

＊准备用线＊

081✿

｜材料和工具｜
用线：DMC Cordonnet Special 40号（BLANC）
工具：梭子2个

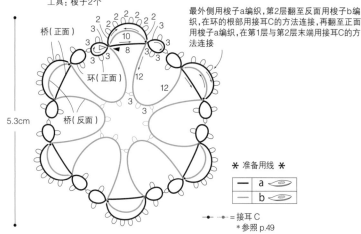

5.3cm

桥（正面）

环（正面）

桥（反面）

最外侧用梭子a编织，第2层翻至反面用梭子b编
织，在环的根部用接耳C的方法连接，再翻至正面
用梭子a编织，在第1层与第2层末端用接耳C的
方法连接

＊准备用线＊

| — | a | |
| — | b | |

→•─•← ＝接耳C
＊参照 p.49

082✿

｜材料和工具｜
用线：DMC Special Dentelles 80号（ECRU）
工具：梭子2个

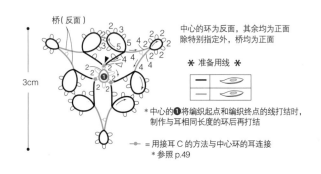

3cm

桥（反面）

中心的环为反面，其余均为正面
除特别指定外，桥均为正面

＊准备用线＊

＊中心的❶将编织起点和编织终点的线打结时，
制作与耳相同长度的环后再打结

─•─ 用接耳C的方法与中心环的耳连接
＊参照 p.49

084✿

｜材料和工具｜
用线：DMC Cordonnet Special 40号（B5200）（ECRU）
工具：梭子2个

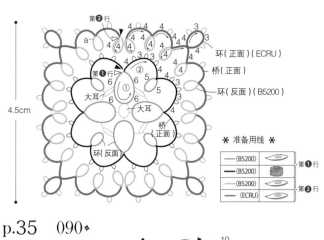

4.5cm

第❷行

环（正面）（ECRU）

环（正面）

环（反面）（B5200）

大耳

大耳

第❶行

桥
（正面）

环（反面）

＊准备用线＊

—（B5200）		第❶行
—（B5200）		
—（B5200）		
—（ECRU）		第❷行

p.35　090✿

｜材料和工具｜
用线：Olympus 梭编蕾丝线
＜中＞（T201）
工具：梭子1个

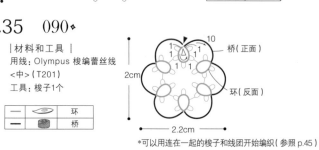

2cm

桥（正面）

环（反面）

2.2cm

| — | | 环 |
| — | | 桥 |

＊可以用连在一起的梭子和线团开始编织（参照 p.45）

76

p.34　085♦
085♦

086♦

087♧

｜材料和工具｜
用线：085、086、087均为Olympus 梭编蕾丝线<中>（T203）
串珠：MIYUKI Delica Beads DB203　085、086／各72颗，
087／344颗
工具：梭子085、086／1个，087／2个

｜要领｜
编织指定的花片，参照图示连接。

p.35　088、089

088♦

｜材料和工具｜
用线：Olympus 梭编蕾丝线<中>（T201）
串珠：MIYUKI Delica Beads DB41　36颗
工具：梭子1个

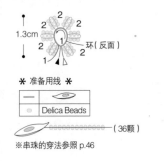

1.3cm

环（反面）

✳ 准备用线 ✳

—	🌰	
●	Delica Beads	
🌰	（36颗）	

※串珠的穿法参照 p.46

089♧

｜材料和工具｜
用线：Olympus 梭编蕾丝线<中>（T203）、（T201）
工具：梭子1个

7.5cm

耳（5mm）
渡线（5mm）
环（反面）
渡线（8mm）
桥（正面）
环（反面）
环（正面）
耳（2mm）

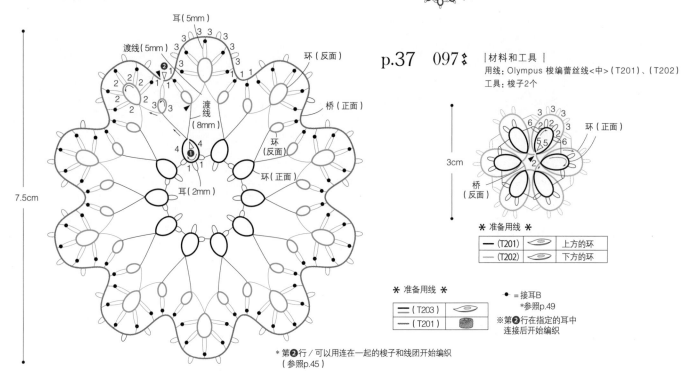

链子16cm
龙虾扣
C形环
双孔连接片
链子16cm
链子1cm
C形环
C形环
C形环
C形环
耳钩
C形环
C形环
链子2.5cm
C形环
C形环
链子2.5cm
C形环
双孔连接片
龙虾扣
C形环
C形环
链子5cm
链子5cm
C形环
链子1cm
C形环
C形环
花片092
C形环
C形环
C形环
花片088
链子2cm
链子1.5cm
C形环
C形环
花片090
链子1cm
C形环
链子1cm
C形环
花片091

p.37　097♧

｜材料和工具｜
用线：Olympus 梭编蕾丝线<中>（T201）、（T202）
工具：梭子2个

3cm

环（正面）
桥（反面）

✳ 准备用线 ✳

—（T201）	🥟	上方的环
—（T202）	🥟	下方的环

✳ 准备用线 ✳

—（T203）	🥟	
—（T201）	🌰	

● = 接耳B
*参照p.49
※第❷行在指定的耳中
连接后开始编织

* 第❷行／可以用连在一起的梭子和线团开始编织
（参照p.45）

77

091❖
|材料和工具|
用线：Olympus 梭编蕾丝线<中>（T201）
串珠：MIYUKI Delica Beads DB41　56颗
工具：梭子2个

094❖
|材料和工具|
用线：Olympus 梭编蕾丝线<中>（T201）
工具：梭子1个

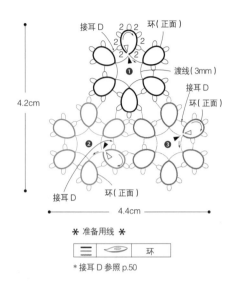

接耳D
环（正面）
渡线（3mm）
接耳D
环（正面）
2 2
2 2 2 2
❶
❷ ❸
接耳D
环（正面）
4.2cm
4.4cm

＊准备用线＊

≡	⬭	环

＊接耳D 参照 p.50

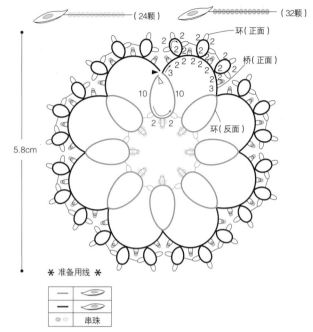

（24颗）（32颗）
环（正面）
桥（正面）
2 2 2
2 2 2 2
3
10 10
2 2 3
环（反面）
5.8cm

＊准备用线＊

—	⬭	
—	⬭	
⚬⚬		串珠

＊串珠的穿法参照 p.46

092❖
|材料和工具|
用线：Olympus 梭编蕾丝线<中>（T201）
串珠：MIYUKI Delica Beads DB41
工具：梭子1个

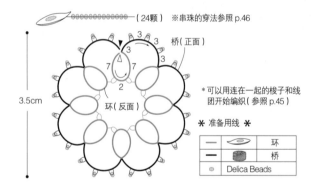

（24颗）　※串珠的穿法参照 p.46
桥（正面）
3 3
7 7
2
环（反面）
3.5cm

＊可以用连在一起的梭子和线
团开始编织（参照 p.45）

＊准备用线＊

—	⬭	环
▬	⬭	桥
⚬		Delica Beads

095❖
|材料和工具|
用线：Olympus 梭编蕾丝线<中>（T201）
工具：梭子2个

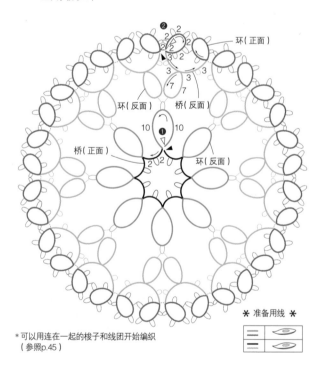

❷
2 2 2
2 2 2 2
3
桥（反面）
环（反面）
3 3
7 7
10 ❶ 10
2 2
环（反面）
桥（正面）
环（正面）
桥（正面）
7cm

＊可以用连在一起的梭子和线团开始编织
（参照 p.45）

＊准备用线＊

≡	⬭	
▬	⬭	

093❖
|材料和工具|
用线：Olympus 梭编蕾丝线<中>（T201）、梭编蕾丝线<金属线>（T401）
工具：梭子1个

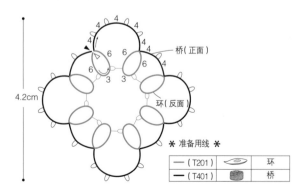

4 4
4 4
4
6 6
6 6
6
3
桥（正面）
环（反面）
4.2cm

＊准备用线＊

—（T201）	⬭	环
▬（T401）	⬭	桥

| 材料和工具 |
用线：Olympus 梭编蕾丝线<中>（T201）
工具：梭子1个

| 要领 |
编织花片，缝在戒枕上。

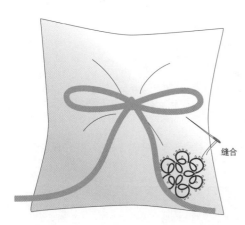

缝合

101✦　| 材料和工具 |
用线：Olympus 梭编蕾丝线<中>（T202）
工具：梭子1个

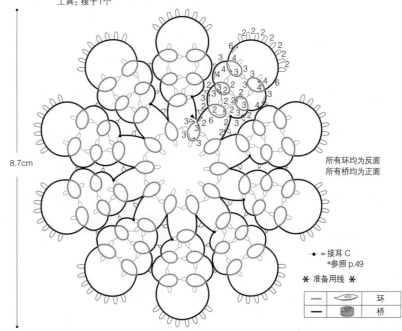

8.7cm

所有环均为反面
所有桥均为正面

●—● =接耳 C
*参照 p.49

✳ 准备用线 ✳

—	⬭	环
—	▭	桥

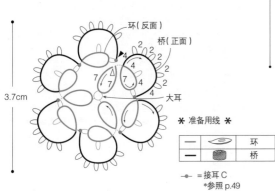

环（反面）
桥（正面）
大耳

3.7cm

✳ 准备用线 ✳

—	⬭	环
—	▭	桥

●—● =接耳 C
*参照 p.49

098✤　| 材料和工具 |
用线：Olympus 梭编蕾丝线<中>（T201）
工具：梭子2个

100✤　| 材料和工具 |
用线：Olympus 梭编蕾丝线<中>（T203）
工具：梭子2个

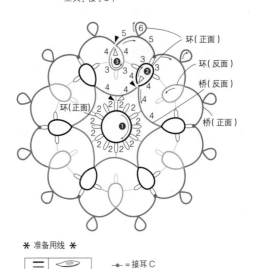

环（正面）
环（反面）
桥（反面）
桥（正面）
环（正面）

✳ 准备用线 ✳

═	⬭
—	⬭

●—● =接耳 C
*参照 p.49

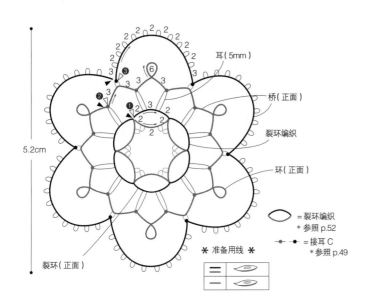

耳（5mm）
桥（正面）
裂环编织
环（正面）

5.2cm

裂环（正面）

⬭ =裂环编织
* 参照 p.52

●—● =接耳 C
* 参照 p.49

✳ 准备用线 ✳

═	⬭
—	⬭

EDGING TO MOTIF101 HAJIMETE NO TATTING LACE（NV70413）

Copyright © NIHON VOGUE-SHA 2017 All rights reserved.

Photographers: YUKARI SHIRAI

Original Japanese edition published in Japan by NIHON VOGUE CO., LTD., Simplified Chinese translation rights arranged with BEIJING BAOKU INTERNATIONAL CULTURAL DEVELOPMENT Co., Ltd.

版权所有，翻印必究

备案号：豫著许可备字–2017–A–0251

图书在版编目（CIP）数据

从零开始学梭编蕾丝：玩转饰边和花片101 / 日本宝库社编著；蒋幼幼译. —郑州：河南科学技术出版社，2021.3（2024.5重印）

ISBN 978–7–5725–0242–2

Ⅰ.①从… Ⅱ.①日… ②蒋… Ⅲ.①钩针—编织—图集 Ⅳ.①TS935.521–64

中国版本图书馆CIP数据核字（2021）第016352号

盛本知子

童年时期就开始跟随梭编蕾丝作家的母亲藤户祯子学习扎实的技术。在NHK文化中心、霞丘技艺学院、宝库学园开设讲座。著作有《漂亮的梭编蕾丝）》（NHK出版）、《一学就会的蕾丝入门教程 盛本知子梭编蕾丝教程》（日本宝库社）。担任（公益财团法人）日本编物检定协会的技术委员。

Naomi Kanno

编织设计学校毕业后曾担任助教，后来开办了编织教室Natural knit ecru*。除了致力于编织和梭编蕾丝的指导外，还在手工艺杂志上发表设计。目前在网店销售编织材料包和图解、梭编蕾丝作品等。
http://naturalknit-ecru.com

松本薰

手工艺作家。在女子美术大学学习染色。曾从事舞台美术的工作，离职后在宝库学园学习棒针编织、钩针编织和蕾丝编织。在手工艺相关的杂志和图书等上面发表以手编为主的作品。
著作有《松本薰的串珠编织 口金包和小物》（日本宝库社）等。

filigne 伊礼千晶

童年时期受到开办拼布教室的母亲的影响，对手工抱有浓厚的兴趣。短期大学服饰专业毕业后，从事服装类工作长达10年。之后学习了梭编蕾丝技术。为了传播梭编蕾丝的魅力，创立了自己的品牌filigne。现在忙于梭编教室和工作室、发布会形式的学习讲座等。
http://filigne.com http://school.nihonvogue.co.jp/tsushin/tenarai/

小岛优子

在宝库学园担任蕾丝专业助教后，学习了土耳其蕾丝（Oya）。现在往来于土耳其和日本，除了所有蕾丝课程的讲习工作，还在"Oya协会"担任缝针蕾丝和梭编蕾丝的讲师。

Sumie

梭编蕾丝作家。除了出书、在杂志上发表作品，还担任讲师等，非常活跃。也经常以O*Chouette的品牌名称参加各种活动。著作有《零起步学习梭编蕾丝》（日本靓丽社）等。
http://www.ochouette.com/

出版发行：河南科学技术出版社

地址：郑州市郑东新区祥盛街27号　　邮编：450016

电话：（0371）65737028　　65788613

网址：www.hnstp.cn

策划编辑：刘 欣

责任编辑：刘 瑞

责任校对：王晓红

封面设计：张 伟

责任印制：张艳芳

印　　刷：河南瑞之光印刷股份有限公司

经　　销：全国新华书店

开　　本：889 mm×1 194 mm　1/16　印张：5　字数：120千字

版　　次：2021年3月第1版　2024年5月第2次印刷

定　　价：49.00元

如发现印、装质量问题，影响阅读，请与出版社联系并调换。